Alle Anfragen und Mitteilungen sind zu richten an die Anschrift: Sonnblick-Verein, Wien XIX, Hohe Warte 38.

Schrifttum des Sonnblick-Vereines

Dem Vereinsarchiv steht noch eine Anzahl von bisher erschienenen Jahresberichten zur Verfügung, die an Mitglieder und Interessenten abgegeben werden können. Preis auf Anfrage. Bekanntlich erschienen diese Jahresberichte seit der Gründung des Sonnblick-Vereines im Jahre 1892 jährlich und erlitten erst im Jahre 1938 die zeitbedingte Unterbrechung.

Die Meteorologie des Sonnblicks

Beiträge zur Hochgebirgsmeteorologie

I. Teil

Nach den Ergebnissen einer 50jährigen Beobachtungsreihe am Sonnblickobservatorium, 3106 m

Von Prof. Dr. Ferdinand Steinhauser, Wien

Herausgegeben vom Sonnblick-Verein, Wien 1938

Seit dem Bestand hat das Observatorium auf dem Sonnblick in bisher sonst nirgends erreichter Art eine Geschichte des meteorologischen Geschehens in der die 3000-m-Grenze überragenden Gipfelregion eines Hochgebirges geliefert. Diese ist in einer ungeheuren Zahlenmenge niedergelegt und enthält in seiner Bearbeitung das Wesentliche und Gesetzmäßige in übersichtlicher Form.

Aus dem Inhalt sei besonders auf die in ihrer Art erstmalige Darstellung der Feinstruktur des Klimas der Gipfelregion des Hochgebirges der Alpen hingewiesen, wie sie sich in den Jahresabläufen der verschiedenen meteorologischen Elemente einerseits und in den Häufigkeitsverteilungen der Einzelwerte andererseits zeigt. Ferner werden neben den Jahresgängen, Tagesgängen und der Veränderlichkeit der einzelnen meteorologischen Elemente auch ihre säkularen Änderungen, ihre Abweichungen von den Verhältnissen der freien Atmosphäre wie auch ihre gegenseitige Beeinflussung behandelt. So hat dieses Buch über eine meteorologische Monographie hinaus auch allgemein Bedeutung. Im Anhang sind in 25 Tabellen Monatswerte der einzelnen Jahre abgedruckt. Ein dem Buch beigegebenes Panorama gibt eine Vorstellung von der überragenden Lage des Observatoriums und zugleich auch einen schönen Überblick über das Gipfelmeer der Ostalpen.

Der Band wird an Mitglieder des Vereines bei direktem Bezug zu einem Vorzugspreis abgegeben. Im Buchhandel ist er zum Preis von S 40.— durch den Springer-Verlag, Wien I, Mölkerbastei 5, zu beziehen.

Sonnblickgipfel, Nordwand mit Großem Fleißkees, von Westen

Sonnblickgipfel mit Observatorium, von Osten gesehen

XLVIII. Jahresbericht

des

Sonnblick-Vereines

für das Jahr 1950

Geleitet von Prof. Dr. F. Steinhauser

INHALT

Phantasie vom Sonnblick, von Rudolf Holzer. — Die Wichtigkeit der Bergobservatorien für die Meteorologie der Gegenwart, von H. Ficker. — Die Sonnblick-Gletscher in den Jahren 1938 bis 1951, von Hanns Tollner. — Der Jahresgang der Niederschlagswahrscheinlichkeit auf dem Sonnblick, 3106 m, von F. Steinhauser. — Die Geschichte des meteorologischen Observatoriums auf dem Hochobir, 2041 m, von J. Lukesch. — Der Bergtod des Beobachters Georg Rupitsch und seiner Frau am 9. November 1944, ein Nachruf von Luitpold Binder. — Bergtod eines verdienten Mitarbeiters. — Lawinentod eines Sonnblickträgers. — Geschichte und Tätigkeit des Sonnblick-Vereines und seiner Observatorien von 1939 bis 1950. — Vereinsnachrichten. — 50 Jahre meteorologisches Observatorium auf der Zugspitze. — Ein Sonnblickbuch! — Ergebnisse der meteorologischen Beobachtungen auf dem Sonnblickgipfel im Jahre 1950.

Mit einer ganzseitigen Bildtafel
und acht Abbildungen im Text

Springer-Verlag Wien GmbH
1952

ISBN 978-3-211-80260-1   ISBN 978-3-7091-2314-0 (eBook)
DOI 10.1007/978-3-7091-2314-0

Phantasie vom Sonnblick

Von Rudolf Holzer

Berg, der in die Sonne blickt,
Schneeigen Hauptes gleitend in Himmelsbläue,
Oder verhüllt in undurchdringlichen Wolkenmantel,
Umtost von jagendem, rasendem Sturmesheulen,
Flammendgezückter Blitze Schild auch,
Steht er brüderlich im Reiche von Riesen,
Aeonen Jahre ein Thron für Dämonen,
Stumm für den Menschen, den Elementen ein ehern Buch.

Da, im Frühschein allen Waltens,
Führt des Sonnenbergs Leuchten und Licht
Den ersten Menschen durch sein rauhes Tal,
Aus Tiefe und Schoß brach er Macht und Hab',
Geheimnisvoll erstarrtes Erz: Dämon Gold.
Es drang der Suchende nach gleißenden Schätzen
Wohl ins Innere des Bergs —
Nicht ins Innere der Natur!

Jahrhundert gab er Stein und Stoff,
Doch was mit Gier und Leidenschaft errafft,
Ward taub und leer, stumm und leicht,
Versank, verging ein leiblich, sterblich Ding —
Doch einer kam auf die Bergeshöh'
Innerer Stimme lauschend, die Augen himmelwärts.

Aufgetan, erkennend, ward ihm der Sonnenblick,
Der Wolken hieroglyphische Gebilde,
Der Donner ehernes Gebrüll,
Der Lawinen sausender Strom,
Wilder Wasserstürze rauschendes Geheimnis.

Im Gehäuse, aus des Berges Fels gebrochen,
Schuf des Geistes Kraft und Macht,
In die Natur eindringend: **Wissen!**
Zwar die Elemente nicht zwingend, bannend,
Doch sie entschleiernd, sie verkündend,
Werden sie im Haus am Berge
Gelenkt in Bahnen und Gesetze.

Einsam zwischen Tal und Himmel
Waltet Forschen um der Atmosphäre Kosmos;
In einem Observatorium sinnentrückter Wunder
Enthüllt sich der Organismus wandelbarer Wetternerven,
Messen, bändigen zauberhafte Apparate Sturmes Wildheit,
Ermitteln treu die schwankenden Phänomene,
Lauschen wachsam des Erdherzens ruhigen Schlag,
Formen des Äthers Unermeßlichkeit in Grenzen.

Es warnt und schützt und rettet ein Turm der Wissenschaft,
Darbietend unbändigen, furchtbaren Kräften Brust und Haupt,
Es rettet das eine einsame Haus in Himmelshöhen
Millionen in der Niederung, Heim, Werkstatt, Feld und Flur.
Darf dies Haus verfallen? Der Blick ins Wissen auslöschen?
Danklos, untreu, töricht ging der Goldsucher von einst
Aus diesem Tal. Verdarb und starb.

Tag um Tag, Stunde um Stunde
Dringt in die Welt des Sonnblicks Kunde;
Sein Turm ist einer Österreichs im Schach der Wissenschaft.
Wollen wir vor der Welt die Wissens-Zinne räumen?
Darf verfallen und verschütten des Forschens Warte?
Verstummen des Warners, Freundes Stimme?
Es mag die Welt nicht glauben
An kargen Sinn und harte Hand!
Es darf der Geist nicht unterliegen,
Des Forschens Haus nicht untergehen...

Bei dem vom Wiener Staatsopernorchester am 4. Dezember 1949 im Großen Musikvereinssaal in Wien zugunsten des Sonnblick-Observatoriums veranstalteten Festkonzert von Burgschauspieler Fred Liewehr vorgetragen.

Die Wichtigkeit der Bergobservatorien für die Meteorologie der Gegenwart

Von H. Ficker, Wien

Als gegen Ende des 18. Jahrhunderts die Societas Meteorologica Palatina das erste meteorologische Beobachtungsnetz in Europa einrichtete, hatte man auch schon das Bedürfnis gefühlt, Beobachtungen von höher gelegenen Stationen zu erhalten und hatte — es war die höchste Station des leider nur kurze Zeit tätigen Netzes — auf dem St.-Gotthard-Paß beobachten lassen. Um die Mitte des vorigen Jahrhunderts entstanden dann die großen staatlichen Netze in Europa. Dem lebhaft gefühlten Bedürfnis nach Beobachtungen aus großen Höhen konnte zunächst nur durch Einrichtung von Gipfelstationen entsprochen werden. Es entstanden vornehmlich in der Zeit von 1880 bis 1900 die Observatorien auf dem Hochobir, dem Säntis, auf dem Sonnblick, auf der Zugspitze, in Schottland auf dem Ben Nevis, in den Pyrenäen auf dem Pic du Midi. Wer nur einigermaßen mit der Geschichte der Meteorologie des letzten Jahrhunderts vertraut ist, weiß, wie weitreichend die Ergebnisse waren, die z. B. Julius Hann aus den Beobachtungen des Sonnblickobservatoriums abgeleitet hat, abgesehen von dem Wert der alltäglich telephonisch übermittelten Meldungen für den praktischen Wetterdienst.

Sosehr auch unsere Kenntnisse durch die Arbeit der Gipfelstationen erweitert wurden, als die aerologische Forschung, die Erforschung der „freien" Atmosphäre begann, sah man auf alles, was „Bodenmeteorologie" war, zunächst geringschätzig herab. Auch der Wert der Gipfelstationen wurde vielfach so gering eingeschätzt, daß einige aufgelassen wurden. Abgesehen davon, daß die Beobachtungen der auf der Erdoberfläche liegenden Bergstationen lokal erheblich beeinflußt sind, was hatten die 3—4 Kilometer der Gipfel neben den 15 Kilometern zu bedeuten, die man mit Registrierballons sehr bald erreichte!

Heute denkt man ganz anders. Heute hat man längst eingesehen, daß die aerologischen Methoden die Gipfelstationen nicht überflüssig machen, sondern daß die Methoden sich ergänzen. Die Aerologie, ob es sich jetzt um Registrieraufstiege oder um Radiosonden handelt, geben immer nur Stichwerte, während die Bergobservatorien kontinuierliche Registrierungen liefern, ohne die viele Fragen der Wetterentwicklung nicht untersucht werden können. Für die ganze Klimatologie der Gebirgsländer sind die Messungen auf Höhenstationen unentbehrlich. Die Fragen, die mit dem täglichen Gang der meteorologischen Elemente zusammenhängen, sind nur auf Grund der Auswertung von Registrierungen zu beantworten. Man braucht sich nur vorzustellen, wie dürftig unsere Kenntnis des Alpenklimas wäre, wenn wir nicht Gipfelstationen hätten, die schon seit Jahrzehnten arbeiten.

Dazu kommt nun, daß auch für den Wetterdienst die Gipfelstationen an Wert noch gewonnen haben, seit der Flugverkehr ein noch vor vierzig Jahren von niemand vorausgeahntes Ausmaß gewonnen hat. Heute geht der Flugverkehr über die Alpen hinweg. Man muß sich nur vorstellen, was für einen Wert die Meldungen eines Beobachters haben, der von seiner Warte aus beide Alpenseiten übersieht oder, wie auf der Zugspitze, nicht nur die ganzen Nordalpen, sondern auch die nördlich vorgelagerte Ebene bis zur Donaulinie überblickt. Man kann ruhig sagen, daß der Wert der Gipfelobservatorien noch nicht voll ausgenützt wird, soweit die Sicherung des Flugverkehrs in Betracht kommt, was vielleicht bei den großen Flugzeugkatastrophen der letzten Zeit eine Rolle gespielt hat.

Die Anforderungen, die namentlich der Flugwetterdienst stellt, sind heute so groß, daß man mit einem einzigen Beobachter auf den Gipfeln heute nicht mehr auskommt. Es wird bald dazu kommen, daß allstündlich gemeldet werden muß, was selbstverständlich nicht nur dem Flugwetterdienst zugute kommt. Für den gesamten Wetterdienst war es außerdem sehr nützlich, daß durch viele Einzeluntersuchungen die Entwicklung und prognostische Bedeutung der charakteristischen Wetterlagen sehr gut bekannt geworden ist. Ich möchte zum Beispiel nur darauf hinweisen, wieviel leichter jetzt der Eintritt und Ablauf von Föhnwetter auf der Nordseite vorhergesagt werden kann als früher. Von besonderer Nützlichkeit, zum mindesten für die Wettervorhersage in den Alpen, haben sich Regeln erwiesen, die sich auf die gleichzeitigen Druck- und Temperaturänderungen auf Gipfeln und Niederung stützen und in der Praxis nicht anwendbar wären, wenn man nicht die Gipfelstationen hätte. Aerologische Daten sind nicht so verwendbar, weil auch der Feuchtigkeitsverlauf bekannt sein soll.

Bei dieser Gelegenheit darf man auch daran erinnern, daß wir die Niederschlagsverhältnisse des Hochgebirges nur sehr ungenügend kennen würden, wenn nicht die Hochstationen Anlaß zur Einrichtung von Totalisatorennetzen gegeben hätten, die von den Beobachtern der Observatorien betreut werden. Dadurch sind die Beobachtungen auch von größtem Wert für die Wasserwirtschaft und für die Anlage von Kraftwerk-Stauseen im Gebirge. Wie schwierig würde allein die Projektierung derartiger Anlagen sein, wenn man sich nicht auf die Ergebnisse langjähriger Messungen im Hochgebirge verlassen könnte.

Aus allen diesen Gründen sind die Bergobservatorien noch wichtiger als früher, so daß man eher an die Errichtung neuer Beobachtungsstätten denkt als an die Auflassung alter. Dazu kommt, daß ja heute nicht nur die meteorologische Forschung im engsten Sinne Forschungsstellen im Hochgebirge braucht. Messungen der Sonnen- und Himmelsstrahlung, die Erforschung der kosmischen Ultrastrahlung, physiologische Untersuchungen über den Einfluß der Höhenlage auf den Menschen fordern sogar gebieterisch die Vergrößerung und Ausgestaltung der Hochobservatorien. Mustergültig ist in dieser Beziehung das Observatorium auf dem Jungfraujoch in der Schweiz. In noch größerem Maßstab soll das Zugspitzobservatorium ausgebaut werden. Neben dem Jungfraujochobservatorium nimmt sich unser Sonnblickobservatorium wie ein Relikt aus der frühesten Entwicklungsperiode der Meteorologie aus. Ein Hochgebirgsforschungsinstitut, das modernen Ansprüchen genügen soll, kann eben nur auf einem Gipfel erbaut werden, der zum mindesten mit einer Seilbahn erreichbar ist. Auf dem Sonnblick haben wir aber noch nicht einmal einen Material-Seilaufzug erreichen können, in einer Zeit, in der es keine Schwierigkeiten macht, die Mittel für den Bau zahlloser Ski- und Sessellifts aufzutreiben. Wir werden trotzdem die wissenschaftliche Arbeit auf dem Sonnblick nicht aufgeben, solange wir Menschen haben, die aus wissenschaftlichem Drang das Hochgebirge aufsuchen.

Die Sonnblickgletscher in den Jahren 1938 bis 1951

Von Hanns Tollner

Mit 3 Abbildungen

Vorbemerkungen

Der weißglänzende Hermelinmantel der Firnfelder und Gletscherzungen der Sonnblick- oder Goldberggruppe bedeckt im Verhältnis zur absoluten Höhe der Gipfelflur der Hohen Tauern relativ weite Flächen der Hochregion. Kräftig in den Hauptkamm eingetiefte Kare mit wenig geneigten Böden und vielfach sanft geböschte höhere Hänge begünstigen auf ausgedehnten Räumen eine Ablagerung mächtiger Schneemassen und ermöglichen das Entstehen stattlicher Gletscher, deren Zungenenden jedoch nirgends die Sohle der Tauerntäler oder ihren Trogschluß erreichen.

Dem Typus nach stellen die Gletscher des Sonnblickstockes heute große Kargletscher dar. Die größten unter ihnen befinden sich derzeit ebenso wie die übrigen ostalpinen Eisströme im Stadium einer noch immer währenden, mehr oder minder langsamen Verkürzung ihrer Zungen. Kleinere Gletscher mit hochgelegenen Zungenenden stoßen hingegen gegenwärtig geringfügig vor.

In der Nacheiszeit mußte die Eisbedeckung der Sonnblickgruppe, wie aus verschiedenen Anhaltspunkten geschlossen werden kann, als Folge langandauernder Variationen des Glazialklimas zweifellos recht schwankend gewesen sein. Trotzdem aber war sie im Hinblick auf die weitgespannten Sammelräume der Firnfelder niemals in ihrer Existenz bedroht. Das „Gletschersterben", wie in sensationellen Presseartikeln gelegentlich geäußert wird — für manche kleine Eisflächen traf es auch tatsächlich zu; das nordostexponierte, heute praktisch eisfreie Kar unter dem Weißseekopf in der Sonnblickgruppe trug 1871 noch einen Gletscher von ½ km Länge —, kann an großen Sonnblickgletschern nicht festgestellt werden, wenngleich auch ihr Massenverlust seit dem Eishochstand in der Mitte des vorigen Jahrhunderts nicht gerade als gering zu bezeichnen ist.

Spuren alter Bergwerke und historische Gletscherstände

Die Sonnblickgruppe — früher wurde sie häufiger Goldberggruppe genannt — war mit Unterbrechungen seit Jahrtausenden eine Fundstätte von Silber und Gold. Taurisker betrieben bereits lange vor der christlichen Zeitrechnung in mühevoller Arbeit mit Meißel, Hammer und Feuer Bergbau auf Edelmetalle. Später schürften Römer und Slawen und schließlich Bergknappen des Mittelalters und der Neuzeit.

Die Bergbaue wurden vielfach auf den höchsten Stellen des Gebirges betrieben, die heute noch unter Eis begraben liegen. Frei gewordene Stolleneingänge, Haldenzüge und Bergwerksgeräte weisen eindringlich darauf hin, daß in längst vergangenen Zeiten bergmännischer Tätigkeit — vor allem im 15. und 16. Jahrhundert — die Ausdehnung der Gletscher wesentlich geringer gewesen sein mußte als heute. Ein sorgfältiges Studium alter Bergwerksaufzeichnungen und Chroniken könnte ohne Zweifel außerordentlich wertvolle Hinweise über das Ausmaß früherer Gletscherstände ergeben. Es wäre übrigens von verschiedenen Gesichtspunkten interessant, die in letzter Zeit vom Eis frei gewordenen Stolleneingänge zu untersuchen und überhaupt Spuren alter Bergwerksreste im Sonnblickgebiet nachzugehen.

Um nur einen Fall zu erwähnen, sei mitgeteilt, daß das früher unter dem Eis des Neunerkeeses gelegene Mundloch des Bartholomeistollens (vgl. Karte) etwa 1933 eisfrei wurde. Es ist leider von Material einer Mittelmoräne, die auch noch Haldenschutt transportierte, verdeckt.

Ein alter Kataster bezeichnet den Raum des unteren Goldberggletschers im 15. Jahrhundert als Ochsenweide — daher auch der zweite Name Vogelmeier-Ochsenkar-Kees. Sollte diese Aufzeichnung auf Wahrheit beruhen, müßte der Gletscher einige hundert Jahre vorher einen ungewöhnlichen Tiefstand aufgewiesen haben, da eine weidewürdige Rasendecke in dieser Höhenlage mindestens 200 Jahre zu ihrer Entwicklung verlangt. Nicht ohne Grund wurde überdies die Frage gestellt, ob überhaupt derartiger Viehreichtum herrschte, daß so hoch gelegene Weiden mit Galtvieh hätten bezogen werden müssen.

Genauere und vor allem in zeitlicher Hinsicht gesicherte Vorstellungen über jeweilige Gletscherstände besitzen wir erst seit dem letzten Höhepunkt der Sonnblickgletscher um 1850. Mächtige charakteristische Moränenwälle, die praktisch vegetationslose Flächen von vielfach recht intensiv begrünten trennen, bezeichnen klar und eindeutig die Lage der damaligen Gletscherränder. Aber auch 1820 gab es einen kräftigen Gletschervorstoß. Es ist sicher keine gewagte Annahme, den Gletscherstand 1820 ebenso wie in benachbarten Gebirgsgruppen ungefähr gleich jenem von 1850 zu setzen.

In der Nähe der Knappenstube liegt außerhalb der 1850er Moräne (siehe Karte) ein teilweise schon recht gut bewachsener niederer Steinwall, den H. Kinzl als Endmoräne des Vogelmeier-Ochsenkar-Keeses von 1820 erklärte, N. Lichtenecker jedoch wegen der schon recht kräftig entwickelten Vegetation dem Hochstand der Vereisung zu Beginn des 17. Jahrhunderts zurechnete.

Das Vogelmeier-Ochsenkar-Kees in den letzten hundert Jahren

Von 1850 bis 1880 verlagerte sich die Stirn des Vogelmeier-Ochsenkar-Keeses oder Großen Goldberggletschers langsam zurück. Innerhalb dieser 30 Jahre betrug das Zurückweichen der Mitte der Gletscherzunge maximal 200 m. Von 1880 steigerte sich bis 1890 der Gletscherrückzug auf 150 m und zwischen 1892 und 1896 wurde das Zungenende um 20 m im Jahr zurückverlegt. Hierauf verlangsamte der Rückgang des Goldbergkeeses, dessen

Zunge sich in zwei Lappen geteilt hatte, und gegen 1900 kam es zum Stillstand seiner Zungen. Zu Beginn des 20. Jahrhunderts trat wieder stärkere Rückwärtsbewegung ein und an-

Abb. 1. Änderungen der Größe des Goldberggletschers in den letzten hundert Jahren (siehe Text S. 9)

schließend zunehmend Verlangsamung des Rückganges. 1917 stieß der Goldberggletscher etwas vor. Zwischen 1917 und 1927 blieben die Zungen ungefähr stationär (Rückverlegung in diesen zehn Jahren nur 10 m).

Der kleine Vorstoß 1917 mit dem Stillstand bis 1927 lagerte im Vorland des Goldbergkeeses eine wenig hohe Moräne ab, die sich auf der rechten Seite des Gletschervorfeldes stellenweise sehr schön erhielt. Von 1927 bis 1934 wichen die beiden Gletscherzungen um ungefähr 50 m und von 1934 bis 1949 um rund 200 m zurück.

Bezüglich weiterer Einzelheiten aus früheren Zeiten muß auf die Berichte der tätig gewesenen Gletschervermesser verwiesen werden. Im folgenden werden in der Hauptsache

Tabelle 1.

Verhalten der Zunge des Vogelmeier-Ochsenkar-Keeses

	I	II	III	IV	V	VI	Mittelwert der Veränderung	Zahl der Jahre
1896/97	− 3,2	− 1,8	− 25,0	− 3,0			− 3,8	1
1897/98	− 0,8	− 6,7	− 18,0	− 9,0			− 8,6	1
1898/99	+ 1,8	− 1,5	− 14,8	− 0,4			− 3,7	1
1899/1900	− 1,6	− 4,6	− 0,7	− 14,6			− 5,4	1
1900/02	− 5,4	− 33,4	− 39,5	− 27,0			− 24,0	2
1902/05	− 8,0		− 62,0	− 34,0			− 34,7	3
1905/17	+ 7,0	− 34,0	− 8,0	− 23,8			− 14,7	12
1917/24	− 7,0	− 14,0		− 3,2			− 8,6	7
1924/26				− 5,0			− 5,0	2
1926/27	+ 1,2	0,0	− 1,8				− 0,2	1
1927/28	− 24,5	− 13,6	− 12,1				− 16,7	1
1928/30	− 9,1	− 19,5	− 12,5	− 15,5	− 15,9	− 15,5	− 14,7	2
1930/31		− 4,6	− 6,1	− 7,1	− 5,5	− 7,5	− 6,2	1
1931/32	− 6,8	− 4,5	− 6,0	− 8,7	− 7,5	− 9,9	− 7,2	1
1932/33	− 11,3		− 3,0	− 8,1	− 4,2	− 5,6	− 6,4	1
1933/34	− 8,3		− 13,1	− 8,3	− 13,3	− 6,5	− 9,9	1
1934/36	− 5,6		− 54,9	− 18,4	− 15,4	− 10,0	− 20,9	2
1936/37	− 3,0		− 2,7	− 8,2	− 8,4	− 6,0	− 5,7	1
1937/38	− 7,8		− 6,0	− 4,8	− 7,9	− 5,4	− 5,3	1
1938/47	150−200 m Rückgang						− 175,0	9
1947/48	− 3,3		+ 5,0	+ 9,0			+ 5,4	1
1948/49	− 7,7	− 7,6	− 1,0	− 1,0			− 4,3	1
1949/50	− 29,5	− 13,1	− 14,9				− 19,8	1
1950/51	+ 3,3	− 3,0	− 0,4				0,0	1

nur die Veränderungen der Eis- und Firnverhältnisse ab 1938 besprochen. Ein vollständiges Verzeichnis des Schrifttums über die Gletscher des Sonnblickgebietes ist diesen Ausführungen im Anhang beigefügt. Mehrere diesbezügliche Aufsätze enthalten vielfach ausgezeichnete Photos, die als ungemein wertvolle Bilddokumente früherer Eisverhältnisse anzusehen sind.

Einzelne Phasen der allgemeinen Eisabnahme des Großen Goldberggletschers wurden in einem diesen Ausführungen beigegebenen Kartenausschnitt der im Jahre 1909 von Wollen und Tschamler photogrammetrisch aufgenommenen Karte „Das Gebiet des Goldberggletschers in der Rauris" eingezeichnet. Die in dieser Kartenbeilage eingetragenen älteren Eisstände beruhen im wesentlichen auf Karteneintragungen von A. Penk und N. Lichtenecker, die Eisgrenzen nach 1934 auf eigenen Vermessungen. Kleine schwarze Vollkreise bezeichnen die Moräne des Gletschervorfeldes höchstwahrscheinlich prähistorischen Alters, kleine Ringelchen ihre vermutliche bzw. nicht klar erkennbare Lage. Kleine schwarze Dreiecke geben die Lage der Moräne des Höchststandes aus dem 17. Jahrhundert (wahrscheinlich Fernaustadium) an. Spätere Eisränder sind der Unterscheidbarkeit halber verschieden ausgezogen und mit der Jahreszahl versehen. Soweit jedoch Moränenwälle dieser Stadien existieren, wurden die Gletschergrenzen durch nicht unterbrochene Linien dargestellt.

Tabelle 1 veranschaulicht aus Gletschermarken abgeleitete Lageänderungen der Stirne des Großen Goldberggletschers im letzten Halbjahrhundert. Die Verlagerung (Entfernung von einzelnen Marken — römische Ziffern der Tabelle — im Gletschervorland) wurde jeweils immer Ende August bis Mitte September, also vor Schluß des Glazialjahres (Ende der Ablations- und Beginn der neuen Akkumulationsperiode) festgestellt. Die angegebenen Zahlen stellen innerhalb der links stehenden Zeitspanne Schwankungen der Gletscherzunge in Meter dar, Vorzeichen Minus bedeutet Rückzug und Plus Vorstoß. Die Zahlenangaben über die Lageänderung der Gletscherzunge stammen nicht durchgehend von ein und derselben Gletschermarke. Infolge des starken Gletscherrückganges mußten aus meßtechnischen Gründen mehrmals zungennähere Marken hinzugenommen und entferntere aufgegeben werden. Die beste Vorstellung von der Bewegung der Zunge des Goldberggletschers ist aus der Zahlenkolonne Mittelwert der Veränderung zu gewinnen, wobei jedoch nicht übersehen werden darf, daß sich die Zahlenwerte nicht immer nur auf ein Jahr beziehen. Zwecks Vermeidung von Mißverständnissen wurden den Veränderungswerten auch die Zahl der Jahre, für welche sie gelten, rechts danebenstehend hinzugefügt.

Eindringlicher als Worte können Bilder das wechselvolle Schicksal von Gletschern innerhalb bestimmter Zeitspannen wiedergeben. Abb. 2 zeigt den Goldberggletscher vom Standpunkt bei der Knappenstube im September 1938 und Abb. 3 im September 1949.

1938 reichte der Gletscher nur mehr mit einem Zungenlappen über die Steilstufe des „Unteren Grupeten Keeses". Der linke Lappen (im Bilde der rechte) hing von seiner Wurzel an nicht mehr mit dem Gletscher zusammen. Andeutungen zu einer Abriegelung dieses untersten Stückes der Zunge des Goldbergkeeses waren schon in früheren Jahren zu beobachten, und im September 1937 trat schließlich in der Mitte des Zungenlappens eine Felskante größeren Ausmaßes zutage. Dieser nach unten steil abfallende Felsabsturz zeigte 1938 gletscheraufwärts verhältnismäßig sanftes rückläufiges Gefälle. Das Gletschereis lag dort nicht auf dem Karboden auf, sondern wölbte sich über einem wunderbar blauen, etwa 200 m² großen Eissee. Die Wasserfläche war mehr lang als breit und wurde langsam vom Gletscherbach durchströmt. Der Bach floß anschließend in einer 2 m tiefen Schlucht über die Felskante herab. Der 1938 seines Eisnachschubes beraubte Eisschild vor der neuen, weiter oberhalb gelegenen Gletscherzunge schmolz in den darauffolgenden Jahren vollständig ab. 1949 endete der linke Teil des Vogelmeier-Ochsenkar-Keeses (siehe Abb. 3 rechts) oberhalb des Felsquerriegels des Grupeten Keeses, der das Zungenende bis zu 5 m überragte.

Der rechte Zungenlappen des Vogelmeier-Ochsenkar-Keeses (im Bild 2 auf der linken Seite) besaß 1938 noch eine ganz stattliche Breite, 1949 reichte er jedoch nicht mehr über den Felsriegel des Grupeten Keeses herab.

An der Steilstufe des Oberen Grupeten Keeses ragte 1938 bereits eine kleine Felsinsel aus dem Eisabsturz heraus und es begann von Norden her (im Bilde ganz rechts) der Gletscher von seiner hydrographisch linken Seite her abgeriegelt zu werden. Im Jahre 1949 war dieser Abschnürungsprozeß bereits bis zur halben Gesamtbreite der Gletscherzunge fortgeschritten. An dem Felsriegel des Oberen Grupeten Keeses vollzieht sich demnach ein beinahe gleicher Vorgang wie an dem Unteren Grupeten Kees vor 1938.

Seit 1930 gelangte an dem letzten Steilaufschwung des Goldberggletschers unterhalb des Firngebietes ein vom Eckpfeiler des Sonnblickgipfelaufbaues her gegen SSW verlaufender Gesteinriegel inselartig mehr und mehr an die Oberfläche. 1949 war die Abtrennung des linken Gletscherteiles weitgehend vorangekommen und das Vogelmeier-Ochsenkar-Kees bis in die Gletschermitte abgedämmt.

Das Vogelmeier-Ochsenkar-Kees verlor an Substanz in den letzten Jahren nicht nur durch Verringerung seiner Fläche, sondern vielleicht noch mehr durch Abnahme seiner

Abb. 2. Das Vogelmeier-Ochsenkar-Kees, gesehen nördlich vom Knappenhaus, Anfang September 1938

Abb. 3. Das Vogelmeier-Ochsenkar-Kees, gesehen nördlich vom Knappenhaus, Anfang September 1949

Eismächtigkeit. Der Vergleich zwischen Abb. 2 und Abb. 3 läßt deutlich ein beachtliches Schrumpfen des Eiskörpers von 1938 auf 1949 erkennen.

Das Rückweichen des Zungenendes des Vogelmeier-Ochsenkar-Keeses von 1938 auf 1947 wurde nicht mittels Gletschermarken festgestellt, sondern unter Zuhilfe der Karte 1:10.000 von Wollen und Tschamler berechnet. Die alten Marken aus der Vorkriegszeit lagen zu weit vom Gletscherrand entfernt und konnten wegen Geländeschwierigkeiten (Gletscherbäche und Felsflächen) nicht mehr verwendet werden.

Die Eisverhältnisse im September 1947 erwiesen sich im Sonnblickgebiet in jeder Hinsicht als ganz ungewöhnlich. Im Abschnitt „Allgemeine glaziologische Verhältnisse seit 1938" wird noch eingehend darauf zurückgekommen. Zu den Markenmessungen im September 1948 sei bemerkt, daß der rechte Zungenlappen seit dem Vorjahr zwar zurückgewichen war, der linke hingegen vorstieß und die nahe gelegenen Marken auf dem Felsriegel überfuhr. Das Vordringen der Gletscherstirne mußte dort bei beiden Marken mindestens 5 bzw. 9 m gewesen sein. Der Mittelpunkt der Veränderung der Gletscherzunge wurde aus Marken I + II + III gebildet.

Im September 1949 kamen die beiden Gletschermarken wieder zum Vorschein, und zwar in einem Abstand von 1 m vom Gletscherrand. (Um gegen ähnliche Überraschungen in Hinkunft gesichert zu sein, wurden zusätzlich noch weitere entferntere Hilfsmarken fixiert.)

Die Ursache dieses eigenartigen Verhaltens des Großen Goldberggletschers war in ungewöhnlichen glaziologischen Verhältnissen des Jahres 1948 zu suchen. Auf der linken Gletscherseite, die sich auf den Felsriegel des Unteren Grupeten Keeses emporschiebt, erhielt sich durch ungewöhnlich glazialklimatische Gunst im Sommer 1948 bis in den Herbst hinein eine mächtige und stark verfirnte Schneedecke. Sie schützte das darunter befindliche Eis und gab es erst am Ende des Glazialjahres frei. Das auskeilende sehr dünne Zungenende erlitt von Oktober 1948 bis September 1949 überhaupt keine Abschmelzung. Ein Einsinken der Eisoberfläche an der Gletscherzunge um 2 m durch Abschmelzen von oben her hätte eine Rückverlegung der Gletscherstirne von etwa 6 bis 8 m verursacht. Infolge der konservierenden Firnschneeauflage trat jedoch kein Eisschwund in der Vertikalen und damit keine Verkürzung der Zunge ein, und die jährliche Gesamtbewegung des Zungeneises mußte sich zur Gänze als Vorstoß auswirken.

Diese merkwürdige Pulsation der gerade am stärksten zurückgehenden linken Seite des Vogelmeier-Ochsenkar-Keeses bildet einen Hinweis dafür, wie sehr manchmal vom allgemeinen Gletscherverhalten abweichende Bewegungstendenzen einzelner Gletscherzungen durch lokale Umstände zu erklären sind.

Und nun einige Zahlenangaben über den Massenverlust des Gletschers seit 1850:

	1850	1934	1949
Oberfläche des Vogelmeier-Ochsenkarkeeses (ohne Kleinsonnblickkees und Alteckgipfelkees)	2,701 km²	2,017 km²	1,847 km²
Länge des Vogelmeier-Ochsenkar-Keeses	3,55 km	2,85 km	2,65 km

Seit 1850 ging also das Vogelmeier-Ochsenkar-Kees um 900 m zurück und sein Areal wurde um 32% kleiner. Die Eisoberfläche sank in der Zeit von 100 Jahren oberhalb des Grupeten Keeses um 40—50 m ein, unterhalb des Grupeten Keeses nahm die Eismächtigkeit um 50—60 m ab.

Im September 1950 ließ das Zungenende ungewöhnlich starkes Rückwandern — an einer Stelle beinahe 30 m — erkennen. In einem Profil quer über die Zunge in 2500 m Seehöhe sank die Eisoberfläche innerhalb von 12 Monaten um 0,4 bis 2,2 m, im Mittel um 1,6 m ein. Im September 1951 zeigte die Zunge des Vogelmeier-Ochsenkar-Keeses gegenüber dem Vorjahr keine weitere Verkürzung.

Wurtenkees

Des Wurtenkees der Sonnblickgruppe verhielt sich in den letzten 100 Jahren im allgemeinen ähnlich wie der Große Goldberggletscher. Es wich seit dem Hochstand in den fünfziger Jahren des vorigen Jahrhunderts bis 1896 nur um 50 m zurück. Von 1896 bis 1928 gab es 170 m und bis 1949 ungefähr 160 bzw. 190 m Rückzug. Um die Jahrhundertwende blieb der Gletscher stationär und um 1917 gab es einen kleinen Vorstoß, der einen Vorstoßwall entstehen ließ.

Tabelle 2.

Verhalten der Zunge des Wurtenkeeses (Änderungen in Meter)

	I	II	III	IV
1896/97	— 3,0			
1897/98	— 3,0			
1898/99	— 4,0			
1899/1900	0,0			
1900/02	— 13,0			
1902/05	— 21,0			
1905/17	— 68,5			
1917/24		} — 36,2	— 29,0	— 21,5
1924/26				
1926/27			} — 25,3	— 4,3
1927/28				— 25,5
1928/47			160 bzw. 190 m	
1947/48	— 1,3	— 1,9	— 2,1	
1948/49	— 4,9	— 4,7	— 3,5	
1949/51	— 35,6	— 13,2	— 49,7	

Im Jahre 1928 aperte an der Gletscherzunge Grubenholz aus. Es ist nicht unwahrscheinlich, daß das Eis des Wurtenkeeses noch Stolleneingänge alter Goldbergbaue verdeckt.

Das Wurtenkees mit seiner klassischen Mittelmoräne besaß 1935 gleiches Aussehen wie 1896. Im Jahre 1947 hingegen war der linke Teil der Zunge um 30 m kürzer als der rechte. Durch das zur Mittelmoräne emporgehobene Grundmoränenmaterial getrennt, das wie eine Naht zwei selbständige Eiskörper verbindet, schob sich der rechte Zungenteil auf einen flachen Felsbuckel auf, während die linke Gletscherseite auf ebenem Gletschervorland bereits weiter rückwärts endete.

Kleines Fleißkees

Das Kleine Fleißkees wich in seinem Verhalten seit dem Eishochstand in der Mitte des vorigen Jahrhunderts von den übrigen Gletschern der Sonnblickgruppe wesentlich ab. Um 1850 floß noch das Eis über den Steilabfall im Hintergrund der kleinen Fleiß. Der damalige Rand des Gletschers ist durch schön ausgebildete, unbewachsene Moränen am Fuße dieser Steilstufe gekennzeichnet.

Im Jahre 1871 lag der Steilhang jedoch schon eisfrei und in den darauffolgenden Dezennien büßte die Zunge des Fleißgletschers zwar an Dicke und Breite ein, blieb aber an ihrem vorderen Rand stationär. Nach 1902 wurde die Zunge wieder breiter und stieß bis 1927 nicht unbeträchtlich vor. In der Folgezeit ging das Kleine Fleißkees stärker zurück und die Zunge wurde wesentlich dünner. Zwischen 1902 und 1948 betrug die Verkürzung der Zunge rund 100 m.

Tabelle 3.

Verhalten des Kleinen Fleißkeeses (Zahlenangaben in Meter)

	I	II	III	IV	V	VI
1896/98	− 3,0	− 0,5				
1898/1900	+ 4,5	− 3,3	Vorstoß			
1900/02	− 23,0	− 4,2	− 6,0			
1902/05	+ 8,5	+ 1,5	+ 13,0			
1905/17		+ 7,2	+ 4,0		− 9,5	
1917/26	+ 2,8	+ 6,2		− 2,4	+ 10,5	+ 4,9
1926/28	− 14,9	− 7,9		− 6,0	− 12,8	− ,18
1928/48			Rückgang rund 100 m			
1948/49	− 11,6	− 18,2				
1949/50	− 31,3	− 29,3				
1950/51	− 20,5	− 21,4				

Die Zunge dieses Gletschers liegt nunmehr auf flachem Vorfeld auf und keilt außerordentlich dünn aus. Eine künftige stärkere Ablation an der Zunge würde einen weiteren stärkeren Rückgang der Stirne zur Folge haben.

Kleines Sonnblickkees

Der Kleine Sonnblickgletscher war in der Mitte des vorigen Jahrhunderts noch mit dem Großen Goldberggletscher vereinigt. 1934 lag der linke Zungenlappen des Kleinen Sonnblickgletschers 250 und der rechte 350 m vom Goldberggletscher entfernt.

Vom September 1947 bis September 1949 stieß die rechte Gletscherzunge um 5,5 und 6,6 m vor. Dieses Vorrücken ging auf die gleiche Ursache wie bei der linken Seite des Großen Goldberggletschers zurück: Schutz vor Ablation durch überlagernde Firnschneedecken aus der Zeit nach Oktober 1947 und damit Auswirkung der Eisbewegung des Gletschers fast zur Gänze zu einem Zungenvorstoß.

Für den Zustand des Kleinen Sonnblickgletschers mag als bemerkenswert angeführt werden, daß im September 1947 vom Kleinen Sonnblick herunterziehende flache Felspartien ausaperten und den Gletscher vollständig in zwei beinahe gleiche Teile quer durch seine Längsrichtung zerlegten. Im September 1948 und 1949 erschienen diese Felsplatten durch Firnschneedecken wieder völlig verdeckt.

Im September 1949 gab es einen Zungenrückgang von 5,4 und 7,0 m, im September 1951 war der Gletscher um mehr als 6 m vorgestoßen.

Neunerkees

Das Areal des einstigen Neunerkeeses in der Mitte des vergangenen Jahrhunderts läßt sich nicht einwandfrei feststellen. Im Jahre 1934 umfaßten seine Überreste drei kleine Eisschilde am Fuß des Neunerhanges mit einer Gesamtoberfläche von 56.000 m², schließlich noch einige Firnflecke am oberen Ende der Wintergasse und ein kleiner Eiskuchen im Neuner-Bolfach.

Im September 1937 existierten nur mehr zwei Eisschilde — der mittlere war bereits vollständig abgeschmolzen. Beide Eisreste besaßen eine Ausdehnung von rund 10.000 m². In früheren Jahren gab es im Vorland des früheren Neunerkeeses in 2316 m Höhe einen kleinen See, im September 1947 war er gänzlich ausgetrocknet.

Interessanterweise überdauerten gerade im Firnkatastrophensommer 1947 mehrere Schneeflecke als Überreste von Lawinen den Herbst dieses Jahres. Im Jahre 1948 blieben die Eisschilde mit Firnschnee überdeckt und erst im September 1949 gelangte das Eis des Neunerkeeses zum größten Teil an die Oberfläche. Günstige glazialklimatische Verhältnisse in den Sommern 1948 und 1949 konservierten beide Eisreste und bewahrten sie vor völliger Vernichtung. Der kleine See, der 1947 verschwunden war, bildete sich 1948 wieder von neuem.

Im Winkel zwischen dem Neunerkees und dem Vogelmeier-Ochsenkar-Kees gibt es noch immer größere Mengen von Toteis, das darübergestürztes Gesteinsmaterial bisher vor Auflösung bewahrte.

Im September 1951 erschienen die Eisschilde des Neunerkeeses größer als ein Jahr vorher. In der Wintergasse blieb eine bis zum unteren Ende reichende breite Firnlage zurück, auf der noch mit Skiern abgefahren wurde. Im ganzen Bereich des ehemaligen Neunerkeeses konnten sich zahlreiche und vielfach größere Schneefelder erhalten.

Allgemeine glaziologische Verhältnisse seit 1938

Nach 1938 verminderte sich nicht nur das Areal der Sonnblickvergletscherung, es ließ in besorgniserregender Weise auch die Ernährung der Firnfelder viel zu wünschen übrig. In der Fleißscharte, in rund 2900 m Höhe, war 1939, 1946 und 1947 die Firnbilanz negativ, es gab also am Ende des Glazialjahres keinen Firnzuwachs, sondern einen Firnabtrag. Als glazialklimatisch schlechtestes Jahr seit Menschengedenken erwies sich 1947. Anfang September zeigten die Sonnblickgruppe und das benachbarte Glocknergebiet nirgends mehr Firnschneereste. Die ehemaligen Firnflächen boten ähnlich wie Gletscherzungen stark verschmutztes blaugraues bis blaugrünes und schwärzliches Eis mit einer spezifischen Dichte von fast 0,9 und waren durch Spalten ungemein zerrissen.

Im Sonnblickstock mußten im September 1947 die Firnrücklagen vieler Jahre abgeschmolzen sein, im Hinblick auf die geringen jährlichen Firnüberschüsse seit 1938 (siehe Tab. 4) vielleicht sogar von mehr als einem Jahrzehnt.

Tabelle 4.

Jährlicher Firnzuwachs in der Fleißscharte (2900 m) jeweils am Ende des Glazialjahres

Jahr:	1938	1939	1940	1941	1942	1943	1944	1945	1946	1947	1948	1949	1950	1951
Firndecke in cm:	40	0	110	70	13	26	40	40	0	0	340	20	50	250

Die Firngrenze rückte im Laufe des Sommers 1947 in den Hohen Tauern über die Gipfelhöhe des Großglockners. Sie stieg also theoretisch bis auf 3800 m Meereshöhe an. Dieser Vorgang bedeutete ein Emporklettern des Schneegrenzverlaufes im Herbst 1947 um rund 1000 m über die mittlere Höhenlage der letzten zwei Jahrzehnte.

Ein Jahr später, im September 1948, zeigten die Tauerngletscher ein vollkommen verändertes Bild. Auf den Firnfeldern lagen mächtige Firnschneemassen und die Spalten des Vorjahres — besonders die kleinen und mittleren — waren fast völlig verschwunden. Die Schneegrenzen blieben im Herbst 1948 zwischen 2400 und 2600 m, also 200 bis 400 m unternormal und 1200 bis 1400 m unterhalb der Firngrenzen des Jahres vorher.

Eine derartig gewaltige Depression der Firngrenzen auf Gletschern jeweils am Ende zweier aufeinanderfolgender Glazialjahre ist in Österreich in historischer Zeit überhaupt nicht bekannt. Die Abwärtsverschiebung der Firngrenzen im Spätsommer 1948 gegenüber 1947 entspricht in ihren Ausmaßen diluvialen Verhältnissen.

Der starke Firnschneeverlust der Tauerngletscher im Sommer 1946 und ganz besonders 1947 ist weniger auf abgeschwächte Winterniederschläge als vielmehr auf starken Bewölkungsrückgang, auf eine wesentliche Verminderung der Zahl der Tage mit festem Niederschlag und auf einen geringen Temperaturanstieg im Sommerhalbjahr als Folge langandauernder Ostwetterlagen zurückzuführen.

Im Sommerhalbjahr 1947 (1. April bis 30. September) schien 1140 Stunden die Sonne (der Normalwert der Periode 1887—1936 beträgt 835 Stunden). Eine derart ungeheure Zunahme der Sonnenscheindauer mußte natürlich den Eishaushalt der Gletscher empfindlich treffen.

Im Sommer 1947 entbehrte die nivale Region auch einen großen Teil jenes Schutzes, den jeweils Neuschneedecken als Folgen sommerlicher Schlechtwettereinbrüche auf Eis und Firn der Gletscher ausüben. Während im Sommerhalbjahr 1940 noch 119 Tage mit Schneefall von mindestens 0,1 mm Wasserwert gezählt wurden, verringerte sich diese Zahl auf 56 im Jahre 1947. Weiters gab es im Sommerhalbjahr 1947 einen außerordentlich hohen Wert der Zahl der Tage, deren Temperaturmaximum 0° C überschreitet.

Im Jahre 1948 befand sich in der zweiten Septemberhälfte die untere Firngrenze auf dem Vogelmeier-Ochsenkar-Kees in 2450 m, auf dem linken Teil des Wurtenkeeses in 2600 m, auf dem rechten in 2550 m und auf dem Fleißkees in 2600 m. Auf dem Kleinen Sonnblickkees aperte die Zunge überhaupt nicht aus. Im Sonnblickgebiet überdauerten stellenweise Schneefelder bis auf 2100 m herab den Sommer und Herbst.

Auf dem Vogelmeier-Ochsenkar-Kees blieb in einem Querprofil in 2500 m Höhe 10 bis 80 cm Firnschnee übrig, in 2750 m durchschnittlich 1,2 m und in einer Höhenlage von 2900 bis 3000 m durchwegs über 2 m. In der Fleißscharte (2970 m) wurde über dem Eis des Herbstes 1947 eine Firnschneemenge von 3,4 m gemessen.

Die tiefen Firngrenzen und ansehnlichen Firnrücklagen verursachte im Jahre 1948 der europäische Sommermonsun mit seiner ungewöhnlichen Andauer und Intensität. Die Totalisatoren deuteten im Sonnblickgebiet einigermaßen auf stärkere Niederschläge hin — im Juli auf dem Sonnblickgipfel 370 mm — das Nordombrometer wies jedoch völlig entgegengesetzte Niederschlagsergebnisse aus. Im April wurden 77%, im Mai 38%, im Juni 80% und in dem besonders niederschlagsreichen Juli nur 51% der langjährigen Durchschnittswerte gemessen. Die eben erwähnten Abweichungen von den Normal-Niederschlagswerten deuten eindringlich darauf hin, wie sehr ungeschützte Ombrometer auf windexponierten Berggipfeln tatsächliche Niederschlagsverhältnisse verfälschen können.

Die Monatsmittel der Lufttemperatur zeigten sich auf dem Sonnblick im Sommerhalbjahr 1948 nur im Juni und Juli unternormal, die restlichen vier Monate waren zum Teil ganz beträchtlich übernormal.

An der Verzögerung des Abschmelzens der Schneedecke auf dem Sonnblick 1948 wirkten in der Hauptablationszeit der Gletscher noch folgende Faktoren mit: Im Juli ein Defizit von 24 Stunden Sonnenschein gegenüber dem Normalwert, im Juni 19 Tage und im Juli 24 Tage mit Schneefall.

Im September 1949 gab es auf den Sonnblickgletschern keinen so starken Firnzuwachs wie ein Jahr vorher. Die Ernährungsverhältnisse der Firnfelder waren aber gleichwohl noch verhältnismäßig günstig. In Höhen von über 2800 m erhielten sich stellenweise Firnlagen bis zu 1,8 m (Rest der Schneeansammlung seit Herbst 1948). Damit blieb über dem Eis des Herbstes 1947 in einzelnen Gebieten, wie z. B. auf dem Kleinen Fleißkees, eine Firnrücklage bis zu 4,5 m.

Die mittleren Firngrenzen stiegen im Laufe des Spätsommers je nach Exposition auf 2550 bis 2750 m. Sie blieben demnach noch immer 100—200 m unterhalb der mittleren Höhe der letzten zwei Dezennien.

Das Jahr 1950 verlief glazialklimatisch ungünstig; im Jahre 1951 hingegen erlitten die Sonnblickgletscher teils nur geringe, teils überhaupt keine Einbußen im Eishaushalt. Die Firngrenzen lagen im September zwischen 2700 und 2800 m. In der Fleißscharte wurde 1951 eine Jahresfirnrücklage von 2,5 m festgestellt. Während das Kleine Fleißkees und das Wurtenkees weiter zurückwichen, blieb das Vogelmeier-Ochsenkar-Kees stationär und rückte das Kleine Sonnblickkees vor. In nordexponierten Lagen überdauerten zahlreiche kleinere Schneefelder bis auf 2300 m herab den Sommer.

Schneedichtemessungen auf dem Sonnblick

Im August 1908 wurden erstmalig von A. Defant Messungen der spezifischen Firndichte vorgenommen, im August 1936 führte A. Steiner Schneedichtemessungen oberflächennaher Schneeschichten aus. Ihre Ergebnisse boten, wie jetzt zu erkennen ist, Dichtewerte ungewöhnlicher Sommerverhältnisse und haben nur beschränkte Allgemeingültigkeit.

Auf Wunsch von Herrn Prof. H. Ficker wurden ab September 1948 auf Gletschern der Sonnblickgruppe Messungen der Firnschneedichte vorgenommen. Als Schneestecher diente eine 65 cm lange und unten gezähnte Eisenröhre mit 43 mm Innendurchmesser. Der Firnschnee wurde eigentlich nicht abgestochen, sondern wie in geologischen Bohrprofilen erbohrt. Gewogen wurde mit einer eigens für den Gewichtsbereich konstruierten Schnellwaage mit Laufgewicht. Bezüglich methodischer Einzelheiten und ausführlicher Wiedergabe der Meßergebnisse muß auf die im Schrifttum angeführte Veröffentlichung im Archiv für Meteorologie, Geophysik und Bioklimatologie verwiesen werden.

Die spezifische Dichte der Schneeauflagen über dem Eis des Herbstes 1947 von 100 cm Mächtigkeit wurde auf dem Großen Goldberggletscher in 2550 m Seehöhe am 20. IX. 1948 mit 0,59 und in der Fleißscharte in 2970 m Höhe (Firnschneehöhe 340 cm) am 21. IX. 1947 mit 0,40 ermittelt. Auf dem Fleißkees zeigte die 180 cm dicke Firnschneedichte am 22. IX. eine mittlere Dichte von 0,42. Auf dem Sonnblick war ebenso wie im Glocknergebiet im September 1948 eine Abnahme der Dichte mit wachsender Meereshöhe zu erkennen. Sie geht ohne Zweifel auf weniger häufige und weniger intensive Durchfeuchtung bei Schmelzvorgängen in größeren Höhen zurück.

Im Vertikalaufbau der Firnschneelagen war eine Verdichtung von oben nach unten festzustellen, sie verlief aber außerordentlich unregelmäßig. Über dem Eis des Herbstes 1947 gab es vielfach geringere Dichten als in mittleren Schichten. Schmelzvorgänge und der Druck der überlagernden Schneeschichten waren nicht imstande, die unteren Firnlagen stärker zu verdichten.

Im September 1949 unterschieden sich die Dichteverhältnisse stark von jenen im September 1948. In der Fleißscharte wurde für die Firnrücklage vom 6. X. 1948 bis 8. IX. 1949 von 141 cm Dicke eine Dichte von 0,69 und für die beiden letzten Firnüberschüsse seit Oktober 1947 (Firnhöhe von 300 cm) eine mittlere Dichte von 0,74 festgestellt. Auf dem Fleißkees ergaben 184 cm Firnschnee aus der Ablagerungszeit 6. X. 1948 bis 11. IX. 1949 eine Dichte von 0,73 und 449 cm Firnschnee der Zeit Oktober 1947 bis 11. IX. 1949 einen Dichtewert von 0,76.

Der Aufbau der Firnschneedecken erwies sich im September 1949 nicht mehr so inhomogen wie ein Jahr vorher, gleichwohl war eine regelmäßige Zunahme der Dichte des Firnschnees von der Oberfläche nach unten nicht zu beobachten.

Im September 1951 wurde in der 250 cm mächtigen Jahresfirnrücklage der Fleißscharte eine mittlere Dichte von 0,69 festgestellt.

Schrifttum über die Gletscher der Sonnblickgruppe

A. Penck, Gletscherstudien im Sonnblickgebiete, Zeitschrift des Deutschen und Österreichischen Alpenvereins, 1897, S. 52—71.

F. Machatschek, Zur Klimatologie der Gletscherregion der Sonnblickgruppe, VIII. Jahresbericht des Sonnblick-Vereines, S. 3—34. „Mitteilungen des Deutschen und Österreichischen Alpenvereines" 1900, S. 206/7; 1901, S. 23; 1902, S. 281.

H. Angerer, Zeitschrift für Gletscherkunde, Bd. 11, 1918—1920, S. 198—200.

H. Kinzl, Die Gletscher der Sonnblickgruppe in den Jahren 1896—1928, XXXVII. Jahresbericht des Sonnblick-Vereines, 1928, S. 12—18. Zeitschrift für Gletscherkunde, Bd. 14, 1925, S. 290 ff.; Bd. 15, 1926, S. 293 ff.; Bd. 16, 1928, S. 139 f.; Bd. 17, 1929, Heft 1/2.

W. Hacker, Vorläufiger Bericht über die Gletscher- und Seenuntersuchungen in der Goldberggruppe im Sommer 1930, XXXIX. Jahresbericht des Sonnblick-Vereines, 1930, S. 25—27.

W. Heissel, und H. Hanke, Gletschermessungen in der Sonnblickgruppe im Sommer 1932, Zeitschrift für Gletscherkunde, Bd. 21, 1933, S. 179/180.

N. Lichtenecker, Neuere Gletscherstudien in der Sonnblickgruppe. XLIV. Jahresbericht des Sonnblick-Vereines, 1935.

Messungen am Goldbergkees (Sonnblickgruppe) in den Sommern 1936 und 1937. XLVI. Jahresbericht des Sonnblick-Vereines, 1938.

F. Steinhauser, Schneehöhenmessungen am Sonnblick und im Sonnblickgebiet, XLII. Jahresbericht des Sonnblick-Vereines, S. 43—50.

H. Tollner, Gletschermessungen auf dem Sonnblick 1938. XLVII. Jahresbericht des Sonnblick-Vereines 1939.

Derselbe: „Wetter und Leben", Juni 1948, Oktober 1948, Dezember 1949, März 1951.

Derselbe: Die Depression ostalpiner Firngrenzen von 1947 auf 1948. Mitt. d. Geograph. Ges. 1949, Bd. 91, H. 1—6.

Derselbe: Über Schwankungen von Mächtigkeit und Dichte ostalpiner Firnfelder. Archiv f. Met., Geophys. u. Bioklim. Serie B. Bd. III. S 189 (1951).

K. Wollen und I. Tschamler, Karte des Goldberggletschers 1:10.000, Denkschriften der Wiener Akad. d. Wiss., math.-nat. Kl., Bd. 87, 1911.

Der Jahresgang der Niederschlagswahrscheinlichkeit auf dem Sonnblick, 3106 m

Von F. Steinhauser, Wien

Mit 2 Textabbildungen

In meiner „Meteorologie des Sonnblicks" habe ich auf Grund 46jähriger Niederschlagsbeobachtungen für jeden Tag des Jahres die Niederschlagsbereitschaft oder Niederschlagswahrscheinlichkeit berechnet. Es wurde für jeden Tag ausgezählt, wie oft in der ganzen Beobachtungsreihe an diesem Tag Niederschlag gefallen ist. Diese Häufigkeit gibt, in Prozenten der Zahl der Beobachtungsjahre ausgedrückt, die relative Niederschlagshäufigkeit oder die prozentuelle Niederschlagswahrscheinlichkeit. Der nach übergreifenden fünftägigen Mittelwerten gezeichnete Kurvenverlauf gewährt einen guten Einblick in die Struktur des Jahrganges der Niederschlagsbereitschaft am Hauptkamm der Hohen Tauern und läßt Zeitabschnitte mit auffallend großer und andererseits auch solche mit auffallend kleiner Niederschlagsbereitschaft erkennen, die als „Singularitäten" im Jahresgang in der Meteorologie Beachtung finden. Herr Prof. Bartels, Göttingen, machte mich freundlicherweise darauf aufmerksam, daß in meiner Darstellung eine Unstimmigkeit zwischen den Tageswerten der prozentuellen Niederschlagswahrscheinlichkeit und der mittleren Zahl der Niederschlagstage in den einzelnen Monaten besteht. Dies gab mir den Anlaß, die Ableitung des Jahrganges der Niederschlagsbereitschaft nochmals zu überprüfen und gleichzeitig auf die nun auf 60 Jahre angewachsene Beobachtungsreihe auszudehnen.

Tabelle 1.

Niederschlagshäufigkeit auf dem Sonnblick 1891—1950

Jän.	Feb.	März	April	Mai	Juni	Juli	Aug.	Sept.	Okt.	Nov.	Dez.	Jahr
Zahl der Tage mit Niederschlag $\geq$ 0,1 mm:												
17,5	16,7	19,7	20,7	21,0	21,0	20,6	18,9	15,9	15,8	16,0	17,4	221,2
Niederschlagswahrscheinlichkeit, %												
57	60	64	69	68	70	67	61	53	51	53	56	60,6

Tab. 1 bringt für den 60jährigen Zeitabschnitt die Mittelwerte der monatlichen und jährlichen Niederschlagstage und die Niederschlagswahrscheinlichkeiten in Prozenten. Durch die Einbeziehung der letzten 14 Jahre hat die Zahl der Niederschlagstage am Sonn-

Tabelle 2.

Niederschlagswahrscheinlichkeit (%) auf dem Sonnblick für jeden Tag (1891—1950)

Tag	Jän.	Feb.	März	April	Mai	Juni	Juli	Aug.	Sept.	Okt.	Nov.	Dez.
1.	65	68	67	61	63	70	67	58	62	48	50	58
2.	65	67	73	61	65	68	70	63	52	57	52	57
3.	57	68	68	65	72	68	58	68	52	58	53	52
4.	63	58	70	68	82	63	68	65	57	47	37	67
5.	57	55	67	73	72	65	53	78	60	45	42	58
6.	58	53	65	65	68	68	72	60	55	55	45	58
7.	63	63	65	78	73	66	72	62	32*	58	52	58
8.	53	62	65	73	72	57	65	48	42	57	65	60
9.	63	57	62	68	77	78	67	53	52	60	65	55
10.	58	58	67	62	70	75	70	65	52	53	65	57
11.	48	62	65	63	75	77	70	73	58	37	60	57
12.	58	68	60	68	72	80	62	72	58	38	58	57
13.	57	65	63	77	67	77	70	63	58	38	53	55
14.	55	67	65	73	50	75	70	63	67	42	53	55
15.	53	62	60	60	62	78	68	62	55	45	52	58
16.	57	67	55	70	65	68	65	70	53	52	63	57
17.	65	62	50	72	72	65	68	53	55	50	67	57
18.	67	55	57	65	70	65	75	48	45	52	53	58
19.	55	55	52	72	68	70	68	55	48	47	48	53
20.	53	53	62	70	62	78	68	70	53	42	46	60
21.	53	62	62	73	62	72	63	63	55	50	48	43
22.	45	53	57	77	67	70	70	65	50	48	52	50
23.	42	52	63	80	72	73	68	55	62	45	53	45
24.	47	52	63	73	63	63	55	62	53	60	65	38
25.	48	55	63	68	67	73	58	62	42	53	52	37
26.	53	55	67	67	75	72	62	52	55	57	52	57
27.	55	58	70	70	70	62	68	53	58	62	53	57
28.	65	62	58	65	63	68	75	60	52	58	48	63
29.	58	—	67	67	63	60	67	53	50	58	43	72
30.	57	—	75	68	65	70	57	60	47	60	57	62
31.	57	—	70	—	63	—	65	57	—	48	—	70

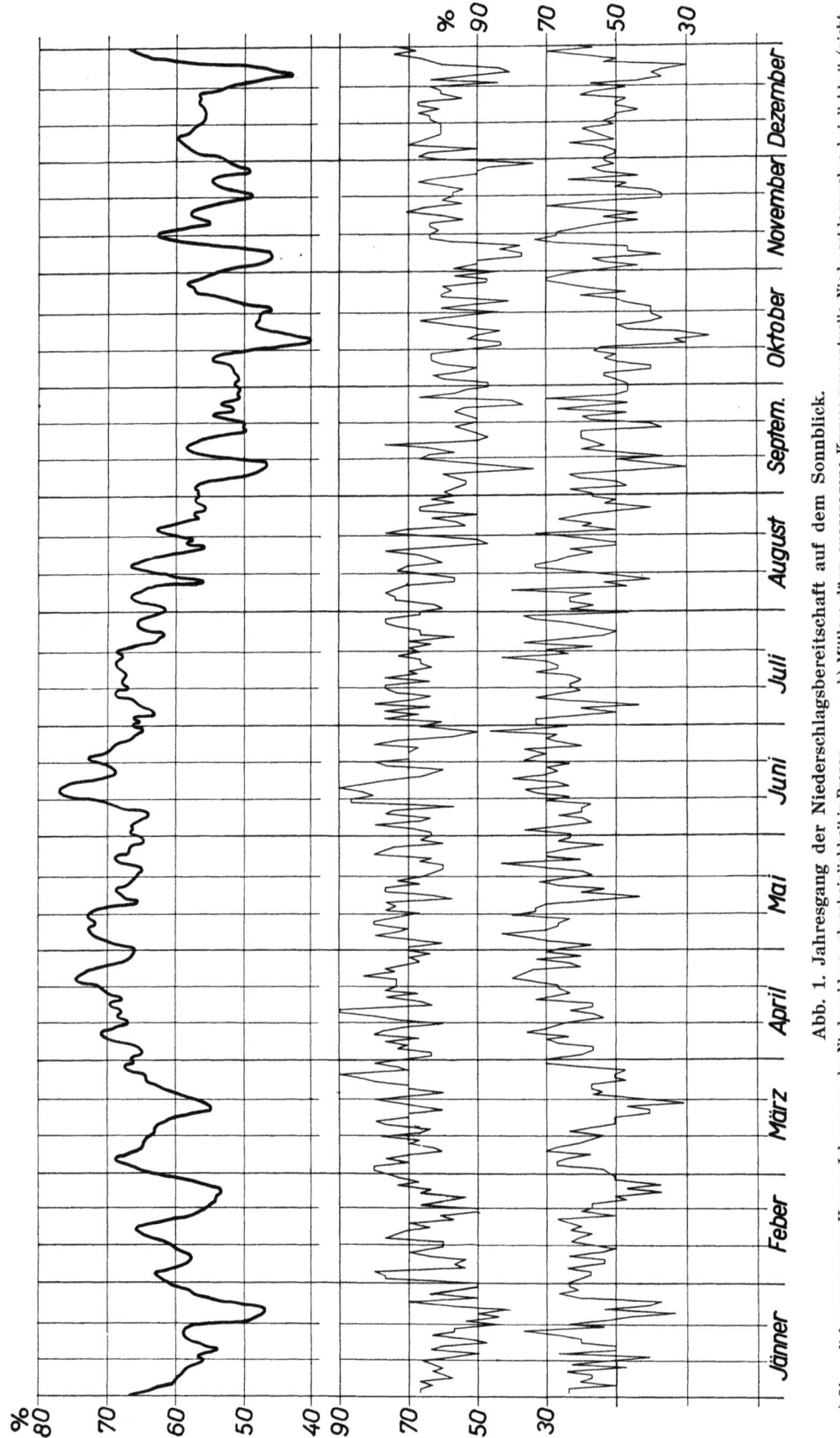

Abb. 1. Jahresgang der Niederschlagsbereitschaft auf dem Sonnblick.

a) Obere dick ausgezogene Kurve: Jahresgang der Niederschlagswahrscheinlichkeit in Prozenten in fünftägig übergreifenden Mittelwerten nach Beobachtungen aus der Zeit 1891—1950. b) Mittlere dünn ausgezogene Kurve: prozentuelle Niederschlagswahrscheinlichkeit (nicht ausgeglichen) nach Beobachtungen aus der Zeit 1891—1920. Prozentskala am linken Rand. Untere dünn ausgezogene Kurve: dasselbe nach Beobachtungen aus der Zeit 1921—1950, Prozentskala am rechten Rand.

blick abgenommen. Darauf soll später noch näher eingegangen werden. Im Jahresgang ist nun die Niederschlagswahrscheinlichkeit auf dem Sonnblick mit 70% im Juni am größten und mit 51% im Oktober am kleinsten. Von April bis Juli fällt in jedem Monat durchschnittlich an mehr als zwei Drittel aller Tage Niederschlag. Die Niederschlagshäufigkeit nimmt dann von August bis September rasch ab und bleibt im Herbst mit einer Niederschlagshäufigkeit von nur wenig mehr als der Hälfte aller Tage relativ niedrig.

Im Jahresgang der Niederschlagswahrscheinlichkeit, der in Abb. 1a nach übergreifenden fünftägigen Mitteln der in Tab. 2 zusammengestellten einzelnen Tageswerte gezeichnet ist, fällt auf, daß die Niederschlagswahrscheinlichkeit beträchtlichen Schwankungen in relativ kurzen Zeitabschnitten unterworfen ist. In den einzelnen Monaten stechen folgende Abschnitte mit Niederschlagswahrscheinlichkeiten die beträchtlich über bzw. beträchtlich unter dem jeweiligen Monatsdurchschnitt liegen, hervor:

Überdurchschnittliche Niederschlagswahrscheinlichkeit:	Unterdurchschnittliche Niederschlagswahrscheinlichkeit:
17.—18., 28. Jänner	22.—25. Jänner
1.—3., 12.—16. Februar	5.—6., 22.—26. Februar
2.—4., 30.—31. März	16.—19. März
7.—8., 21.—24. April	1.—2. April
4., 9.—11. Mai	14.—15., 20.—21., 28.—31. Mai
9.—15., 20. Juni	8., 27., 29. Juni
18., 28.—29. Juli	3., 5., 24.—26., 30. Juli
3.—5., 11.—12., 16., 20. August	8.—9., 17.—19., 26.—27. August
12.—14., 23. September	7.—8., 18.—19., 25., 30. September
2.—3., 7.—9., 24., 26.—30. Oktober	4.—5., 11.—15., 20. Oktober
8.—11., 16.—17., 24. November	4.—6., 20., 28.—29. November
4., 28.—29., 31. Dezember bis 2. Jänner	21.—25. Dezember

In dieser Zusammenstellung sind im allgemeinen nur Zeitabschnitte aufgenommen, in denen die prozentuelle Niederschlagsbereitschaft um mehr als fünf Einheiten über bzw. unter dem jeweiligen Monatsdurchschnitt lag. Am größten war die Niederschlagsbereitschaft mit 82% am 4. Mai, an welchem Tag in 49 von den 60 Jahren Niederschlag gefallen war. Am kleinsten war sie mit 32% am 7. September, an welchem Tag im gleichen Zeitraum nur an 19 Jahren Niederschlag beobachtet worden ist.

Es ist nun die Frage, ob diese oben angeführten Anomalien nur zufälligen Schwankungen entsprechen in dem Sinne, daß eben bei einer 60jährigen Reihe noch kein ausgeglichener glatter Jahresgang zu erwarten ist, oder ob sie insofern als reell anzusehen sind, daß man annehmen kann, daß allgemein eine Neigung dazu besteht, daß gerade zu den oben erwähnten Zeiten Niederschläge häufiger bzw. seltener als an den im Jahresgang benachbarten Tagen zu erwarten ist. Man könnte dann natürlich nicht im Einzeljahr bei einer geringen Niederschlagswahrscheinlichkeit für den betreffenden Tag niederschlagsfreies Wetter voraussagen oder umgekehrt bei hoher Niederschlagswahrscheinlichkeit das Auftreten von Niederschlägen: man könnte aber doch sagen, daß zu diesen Zeiten eine größere Chance für das Eintreten bzw. für das Ausbleiben der Niederschläge besteht als an den anderen, in der obigen Zusammenstellung nicht angeführten Zeiten. Eine überzeugende Entscheidung über die Realität dieser „Singularitäten" oder Anomalien im Jahresgang ist schwer zu erbringen. Man kann aber erwarten, daß diese Singularitäten einen höheren Grad von Wahrscheinlichkeit haben, wenn sie bei einer Unterteilung der ganzen Reihe in den einzelnen Teilreihen sich wiederfinden. Unabhängig davon, ob mit einer solchen Unterteilung schon ein „Beweis" als erbracht angesehen werden kann, ist es jedenfalls interessant zu sehen, wie weit oder in welchen Abschnitten die Teilkurven einen gleichen oder zumindest ähnlichen Verlauf nehmen. Ich habe daher in Abb. 1b die Jahresgänge für die Teilreihen 1891 bis 1920 und 1921 bis 1950 zum Vergleich untereinandergestellt. Es muß als auffallend bezeichnet werden, wie oft in diesen Teilreihen, die sich nicht überschneiden, sondern in jeder Reihe nur Werte enthalten, die in der andern nicht enthalten sind, sich doch auch in kleineren Details eine beträchtliche Ähnlichkeit zeigt. Diese Ähnlichkeit wird noch größer, wenn man von kleinen Details absieht und mehr die Tendenzen in Betracht zieht, wobei Verschiebungen um einen Tag oder Unterbrechungen einer Tendenz durch einen Tag unterdrückt werden sollen, was bei 30jährigen Reihen wohl erlaubt ist.

Im allgemeinen sieht man, daß die Niederschlagswahrscheinlichkeit das ganze Jahr hindurch im zweiten Abschnitt, 1921 bis 1950, kleiner ist als im ersten, 1891 bis 1920. Dies gilt besonders für den Spätwinter und für die erste Frühlingshälfte.

Als Zeiten, in denen eine Ähnlichkeit des Kurvenverlaufes in beiden mittleren 30jährigen Jahresgängen festzustellen ist, seien besonders hervorgehoben: eine annähernd vollkommene Parallelität in der ersten Jännerdekade, eine geringe Niederschlagswahrscheinlichkeit in der Woche um den 22. Jänner, der als Kollektivdatum für den Hochwinter angesehen werden kann, wo im kontinentalen Hoch im Hochgebirge Schönwetter herrscht, eine Tendenz zur starken Zunahme der Niederschlagswahrscheinlichkeit in der letzten Woche des Februar bis zu den ersten Tagen des März, eine Parallelität in der ersten Aprildekade und von Mitte April bis Ende der ersten Woche des Mai, auffallend starke Ähnlichkeit Mitte Mai mit einem ausgesprochenen Minimum der Niederschlagswahrscheinlichkeit am 14. Mai, was möglicherweise mit einem Aufklaren nach vorhergehenden niederschlagsbringenden Kaltlufteinbrüchen um die Zeit der Eisheiligen in Verbindung gebracht werden kann. Eine zunehmende Tendenz gegen Ende der ersten Junidekade, ein Parallellauf vom 15. bis 27. Juni, eine Ähnlichkeit im Rhythmus vom 2. bis 13. Juli, eine ausgesprochene Beständigkeit der rhythmischen Schwankungen beträchtlichen Ausmaßes zwischen 23. Juli und 20. August, ein paralleler Verlauf vom 28. August bis 9. September, eine zunehmende Tendenz in der zweiten Septemberwoche, eine weitgehende Ähnlichkeit im Rhythmus der Schwankungen zwischen 27. September und 16. Oktober, eine abnehmende Tendenz vom 30. Oktober bis 4. November mit darauffolgender ansteigender Tendenz bis 10. November, Maxima der Niederschlagsbereitschaft am 16. und 17. November, am 24. November und am 4. Dezember, ein ausgeprägtes Minimum der Niederschlagsbereitschaft am 24. und 25. Dezember und eine darauffolgende starke Zunahme bis Ende des Jahres.

Sind diese Ähnlichkeiten noch als Zufälle oder schon als Zeichen von Regelmäßigkeiten in der Wiederkehr bestimmter Wetterlagen anzusehen? Jedenfalls können nicht alle Anomalien des Jahresganges der 60jährigen Reihe als beständige Singularitäten betrachtet werden. Dafür spricht die Tatsache, daß sich beim Vergleich der beiden Teilreihen auch starke Abweichungen finden, die zum Teil geradezu entgegengesetzten Verlauf zeigen. Solche Fälle kommen vor am 26. Jänner, 2. bis 4. Februar, 12. und 13. Februar, in der zweiten und dritten Dekade des März, vom 10. bis 15. April, Mitte Mai bis 8. Juni, 28. Juni, 12. und 27. August, 17. bis 20. und 27. bis 30. Oktober, 18. bis 22. November, 30. November bis 3. Dezember und 5. bis 20. Dezember.

In den vorliegenden Vergleichsreihen scheinen die Abweichungen zwischen beiden Reihen gegenüber den Ähnlichkeiten stark in der Minderzahl zu sein. Daraus dürfen wir wohl schließen, daß es voreilig wäre, die Existenz der Singularitäten überhaupt zu leugnen. Es muß vielmehr der weiteren Forschung vorbehalten bleiben, zu untersuchen und nachzuweisen, welche von den bisher behaupteten Singularitäten sich als beständig zeigen und von diesen dann die nichtbeständigen als zufällige Abweichungen vom ausgeglichenen Jahresgang abzuscheiden. Daß es wirklich reelle Singularitäten gibt, kann wohl nicht bezweifelt werden. Ich erinnere nur an die allgemein bekannten und anerkannten Anomalien, die sich zum Beispiel zur Zeit des Einsetzens der sommermonsunartigen Witterungserscheinungen, zur Zeit des Altweibersommers usw. zeigen und nicht durch Experimente mit Zufallsreihen als zufällige Erscheinungen konstruiert werden können.

Die Tatsache, daß man beim Vergleich der Jahresgänge der beiden Teilreihen 1891 bis 1920 und 1921 bis 1950 sieht, daß in der letzteren die Niederschlagswahrscheinlichkeit kleiner geworden ist, als sie in der ersten Reihe war, gibt Veranlassung, die Änderung der Niederschlagswahrscheinlichkeit in der gesamten 60jährigen Beobachtungsreihe näher zu untersuchen.

Dabei kann vor allem festgestellt werden, daß die Abnahme der Niederschlagshäufigkeit in der zweiten Hälfte der Beobachtungsreihe des Sonnblicks nicht das ganze Jahr

Tabelle 3.

Zahl der Tage mit Niederschlag $\geqq$ 0,1 mm auf dem Sonnblick

	Jän.	Feb.	März	April	Mai	Juni	Juli	Aug.	Sept.	Okt.	Nov.	Dez.	Jahr
1891—1920	17,7	18,1	22,4	21,8	21,6	21,4	21,5	19,8	16,2	16,7	16,3	18,9	232,4
1921—1950	17,4	15,4	17,0	19,7	20,5	20,5	19,8	18,1	15,6	14,9	15,8	15,9	210,6
Differenz	— 0,3	— 2,7	— 5,4	— 2,1	— 1,1	— 0,9	— 1,7	— 1,7	— 0,6	— 1,8	— 0,5	— 3,0	— 21,8

gleichmäßig betrifft, sondern, wie Tab. 3 zeigt, hauptsächlich im Spätwinter und in der ersten Frühjahrshälfte auftritt und auch im Dezember und im Oktober noch recht beträchtlich ist.

Zur Klärung der Frage der Abnahme der Niederschlagshäufigkeit auf dem Sonnblick muß vor allem untersucht werden, wann diese Abnahme begonnen hat und ob sie reell ist oder auf Beobachtungsfehler zurückgeführt werden kann. Zur Lösung dieser Fragen habe

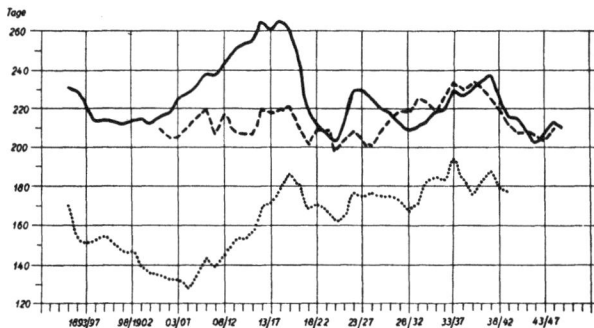

Abb. 2. Säkulare Änderung der Niederschlagshäufigkeit nach fünfjährig übergreifenden Mittelwerten der Jahreszahlen der Niederschlagstage auf dem Sonnblick (ausgezogene Kurve), auf der Zugspitze (gestrichelte Kurve) und auf dem Obir (punktierte Kurve).

ich einen Vergleich der langen Beobachtungsreihen der hochalpinen Stationen Sonnblick (3106 m), Obir (2040 m) und Zugspitze (2963 m) herangezogen. Nach übergreifenden fünfjährigen Mittelwerten sind die Jahressummen der Niederschlagstage dieser drei Stationen in Abb. 2 dargestellt. In dieser Abbildung fällt vor allem auf, daß der Kurvenverlauf des Sonnblicks mit dem des Obirs der Form nach große Ähnlichkeit hat, daß aber im Lustrum 1916 bis 1920 eine beträchtliche Verwerfung in dem Sinne eingetreten ist, daß die Differenz der Niederschlagshäufigkeiten auf dem Sonnblick gegenüber dem Obir vor diesem Zeitpunkt fast doppelt so groß war als nachher. Die Differenz zwischen beiden Stationen beträgt im Durchschnitt der Jahre 1891 bis 1915 75 Tage und 1921 bis 1940 aber nur 44 Tage. Diese systematischen Unterschiede lassen sich nicht mit Beobachterwechsel erklären, sondern scheinen wenigstens in den Hauptzügen doch reell zu sein.

Ein noch merkwürdigeres Bild bietet der Vergleich der Kurve der Zugspitze mit der des Sonnblicks. Hiebei zeigen sich bedeutende unregelmäßige Abweichungen. Vor allem fällt auf, daß der beträchtliche Anstieg der Niederschlagshäufigkeit von der Jahrhundertwende bis zum Ende des zweiten Dezenniums unseres Jahrhunderts, der sich auf dem Sonnblick und auf dem Obir in gleicher Weise vorfindet, auf der Zugspitze nicht zu erkennen ist. Auch in den Jahren 1923 bis 1926 blieb die Niederschlagshäufigkeit auf der Zugspitze auffallend stark unter der des Sonnblicks. Bei den Abweichungen zwischen Zugspitze und Sonnblick ist ebenfalls kaum anzunehmen, daß es sich nur um Beobachtungsfehler handelt. Auf der Zugspitze wechselten die Beobachter meist in jedem Jahr und außerdem waren dort immer Fachmeteorologen als Beobachter tätig. Es scheint demnach gerechtfertigt, auch diese Abweichungen wenigstens in den Hauptzügen als reell anzusehen.

Zur Beurteilung der möglichen Ursachen dieser Unterschiede zwischen den drei Hochgebirgsstationen ist es notwendig, darauf hinzuweisen, daß die Zugspitze 150 km westnordwestlich vom Sonnblick und der Obir 130 km ostsüdöstlich vom Sonnblick liegt. Die Ähnlichkeit im Kurvenverlauf vom Sonnblick und Obir weist darauf hin, daß der Einfluß des Niederschlagsregimes des Adriagebietes über den Obir noch sehr stark bis zum Sonnblick hin sich auswirkt. Die Verwerfung, die im Kurvenverlauf des Sonnblicks im vierten Lustrum unseres Jahrhunderts so auffallend in Erscheinung tritt, scheint demnach auf eine Änderung der vom Süden her wirkenden Klimakomponente hinzuweisen. Das so auffallend andere Verhalten der Kurve der Zugspitze scheint andererseits wieder darauf hinzudeuten, daß diese weiter westlich gelegene Station dem Einfluß des Niederschlagsregimes von Westeuropa mehr unterworfen ist, als es beim Sonnblick der Fall ist. Zur Erklärung der gegenüber dem Sonnblick auf der Zugspitze viel geringeren Niederschlagshäufigkeit in den beiden ersten Dezennien unseres Jahrhunderts könnte man sich vielleicht vorstellen, daß Ausläufer des Azorenhochs mit ihrem typischen Einfluß auf die Witterung in dieser Zeit häufiger noch bis Tirol sich auswirkten, aber das weiter östlich gelegene Gebiet oft nicht mehr erfaßten. In diesem Sinne scheinen solche Vergleiche sehr lehrreich, und es wird nützlich und notwendig sein, durch Erweiterung dieser Untersuchung eine Bestätigung für die hier angedeuteten Klimaänderungen zu suchen und auf diesem Wege vielleicht dem Mechanismus der in verschiedenen Gebieten ungleichartigen Klimaänderungen auf die Spur zu kommen.

Die Geschichte des meteorologischen Observatoriums auf dem Hochobir, 2041 m

Von J. Lukesch, Wien

Mit 2 Abbildungen

Wie beim Observatorium auf dem Hohen Sonnblick spielte auch bei der Errichtung der meteorologischen Beobachtungsstation auf dem Obir der Bergbau eine wichtige Rolle. Schon in alten Zeiten wurden in dieser Gegend Bodenschätze gefunden, die Ortsnamen Bleiburg und Eisenkappel geben davon Zeugnis. Auf der Suche nach weiteren Erschließungsmöglichkeiten drang man immer mehr in höhere Regionen des Gebirges vor und nahm sogar die Strapazen eines ständigen Aufenthaltes dort auf sich. Da die Knappen den weiten Weg ins Tal nicht täglich zurücklegen konnten, wurden sogenannte Knappenhäuser errichtet, deren höchstes nur 90 m unterhalb des Obirgipfels lag. Die Vorsteher dreier dieser Knappenhäuser am Obir wurden von Prettner veranlaßt, meteorologische Beobachtungen anzustellen. Prettner hatte schon in der ersten Hälfte des vorigen Jahrhunderts zuwege gebracht, in Kärnten ein verhältnismäßig dichtes Stationsnetz — auf 600 km² kam eine Station — einzurichten. In dieses Netz wurden auch die Obirstationen eingebaut. Gefördert wurde dies besonders dadurch, daß die Eigentümer des Bergbaubetriebes, die Gebrüder Komposch, hiezu ihre Einwilligung gaben. Prettner rüstete drei, fast übereinanderliegende Knappenhäuser mit Thermometern aus. Er interessierte auch den Hutmann Andreas Ortner aus Kappel. Dieser hatte als Aufsichtsorgan die Bergbaue öfters zu besuchen und kontrollierte dabei auch die meteorologischen Aufzeichnungen. Freilich gab es an den Tagen, an welchen die Vorsteher die Knappenhäuser verließen, besonders an Feiertagen, Lücken in den Aufzeichnungen.

Es wurden folgende Stationen eingerichtet:

Obir I (46° 30′ N, 14° 7′ E, 1228 m) liegt am Südhang des Obir gegen Ebriach zu. Die Station wurde 1848 errichtet, durch 21 Jahre hindurch beobachtete der Vorsteher Mathias Weissnigg. Prettner hielt von dieser Station nicht viel. Am 27. August 1865 notiert er im Beobachtungsbogen: „Es ist diese Station nicht viel wert." Prettner gibt im „Klima von Kärnten" (Jahrbuch des Naturhistorischen Museums von Kärnten, 11. Heft, Klagenfurt 1873) eine Zusammenfassung der Beobachtungsergebnisse. Es mag vielleicht von Interesse sein, Messungen der Lufttemperatur, umgerechnet auf Grad C wiederzugeben. Die Werte scheinen zum Teil stark strahlungsgefälscht zu sein.

Monatsmittel der Lufttemperatur, °C (1848—1868)

Dez.	Jän.	Feb.	März	April	Mai	Juni	Juli	Aug.	Sept.	Okt.	Nov.	Jahr
−3,1	−3,4	−2,4	−0,8	5,1	8,6	12,8	14,3	14,4	10,9	7,4	0,3	5,3

Extreme Monatsmittel, °C

Dez.	Jän.	Feb.	März	April	Mai	Juni	Juli	Aug.	Sept.	Okt.	Nov.
1,6	1,0	3,6	3,6	9,5	13,4	16,4	17,6	17,9	14,0	10,3	7,0
−6,3	−8,4	−6,3	−5,0	−0,9	3,0	11,5	12,4	11,6	7,1	5,1	−3,8

Größte und kleinste Monatsmaxima, °C

Dez.	Jän.	Feb.	März	April	Mai	Juni	Juli	Aug.	Sept.	Okt.	Nov.
21,3	16,3	20,6	23,9	25,0	32,5	35,0	34,4	36,9	30,0	28,8	25,0
4,4	−3,8	2,5	0,0	12,0	13,1	16,3	18,8	25,5	18,8	16,3	9,4

Größte und kleinste Monatsminima, °C

Dez.	Jän.	Feb.	März	April	Mai	Juni	Juli	Aug.	Sept.	Okt.	Nov.
−4,4	−4,4	−6,3	−3,8	−2,5	3,8	−0,6	0,0	1,9	6,9	3,8	−3,8
−18,1	−20,0	−21,3	−20,0	−13,1	−7,5	10,0	8,8	8,1	−4,4	−6,3	−16,3

Relative Temperatur

Dez.	Jän.	Feb.	März	April	Mai	Juni	Juli	Aug.	Sept.	Okt.	Nov.
2	0	6	15	48	67	91	99	100	80	61	21

Obir II (46° 30′ N, 14° 17′ E, 1611 m) liegt auf einer Hochalpe der südöstlichen Abdachung des Berges. Die Umgebung bilden Almwiesen und Schutthalden. NE- und N-Winde erreichen die Station. Das Thermometer hing wie bei Obir I an einem freien Block vor dem Knappenhause. Die Werte sind daher ebenfalls strahlungsgefälscht.

Eingerichtet wurde die Station im Herbst 1847. Nach mehrmaligem Beobachterwechsel war der Vorsteher des dortigen Knappenhauses, Herr J. Kolb, vom Jänner 1858 bis Oktober 1864 tätig.

Monatsmittel der Lufttemperatur, °C (1847—1864)

Dez.	Jän.	Feb.	März	April	Mai	Juni	Juli	Aug.	Sept.	Okt.	Nov.	Jahr
−3,1	−4,6	−3,5	−1,9	3,1	7,3	11,6	13,3	13,5	9,4	6,6	1,0	4,6

Mittlere Monatsextreme 1848—1854, °C

Dez.	Jän.	Feb.	März	April	Mai	Juni	Jui	Aug.	Sept.	Okt.	Nov.
11,3	8,4	10,9	13,5	14,4	18,6	22,3	25,1	25,1	20,6	18,9	15,4
−15,3	−15,5	−10,8	−13,8	−8,8	−3,6	1,3	3,1	2,9	−1,5	−3,3	−7,6

Absolute Monatsextreme 1848—1854, °C

Dez.	Jän.	Feb.	März	April	Mai	Juni	Juli	Aug.	Sept.	Okt	Nov.
18,1	10,6	13,8	18,1	18,8	21,3	23,1	30,0	31,3	27,5	21,3	21,3
−19,4	−18,8	−15,0	−21,3	−15,0	−6,9	−0,6	0,6	−0,6	−3,1	−5,0	−12,6

Relative Temperatur

Dez.	Jän.	Feb.	März	April	Mai	Juni	Juli	Aug.	Sept.	Okt.	Nov.
8	0	6	9	43	66	89	99	100	72	62	31

Obir III (Hochobir), 46° 30′ N, 14° 29′ E, 2044 m.

Die Beobachtungen beginnen im Dezember 1847 und reichen ohne längere Unterbrechung bis 1943. Erster Beobachter war der Vorsteher Mathias Dimnigg, 1846—1860.

Im Jahre 1865 brannte das Berghaus Obir III ab, die Beobachtungen wurden vorübergehend eingestellt. Prettner setzte bald einen Neubau durch, welcher von da an den Namen „Hochobir" erhält. 1860—1871 war der Grubenaufseher Lorenz Malle Beobachter. Während seiner Tätigkeit brachte Julius Hann 1868 ein Gefäßbarometer auf den Obir. Anfänglich machte Malle das Ablesen dieses Instrumentes viel Spaß. Als aber einmal bei niedrigem Luftdruck das Quecksilber unter den sichtbaren Teil des Rohres gesunken war, erschrak er sehr und schrieb in das Beobachtungsprotokoll: „Das Barometer ist abgestanden." 1876 wurde der Bergbau am Obir aufgelassen und damit waren auch die Beobachtungen zu Ende.

Phot. F. Steinhauser

Abb. 1. Obir-Gipfel mit Hann-Warte

1877 regte der Markscheider der Rainerischen Bergverwaltung, Simon Rieger, die Gründung der Sektion Eisenkappel des Österreichischen Touristenklubs an. Diese Sektion trat ins Leben, Rieger wurde erster Vorstand derselben. Die Bergbaufirma Rainer-Harbach stellte das am Obir erbaute sogenannte Herrenhaus der neugegründeten Sektion zur Verfügung mit Wahrung des Eigentumsrechtes. 1878 wurde der jeweilige Hauswart des Rainer-Schutzhauses mit der Führung der meteorologischen Beobachtungen betraut. Julius Hann, der die Bedeutung von Bergstationen stets hervorhob, strebte die Ausgestaltung der Station zu einer solchen erster Ordnung an. Durch Subvention des Ö. T. K., des Alpenvereins, der Firma Rainer, der Österreichischen Gesellschaft für Meteorologie und der Zentralanstalt für Meteorologie konnten die Mittel zur Einrichtung und Erhaltung dieser Bergstation aufgebracht werden. 1880 kam ein Barograph, 1881 ein Thermograph auf den Berg. 1883/84 wurde ein Anemograph aufgestellt. 1882 weilte der nachmalige Direktor der Zentralanstalt Dr. J. M. Perntner längere Zeit auf dem Obir. Da die Station als eine solche erster Ordnung ausgerüstet worden war, mußte der Beobachter gründlich unterwiesen werden. Im gleichen Jahr richtete der Rainerische Bergverwalter, Raimund Prugger, eine meteorologische Beobachtungsstation in Eisenkappel ein. Er setzte aber auch den Bau einer Telephonleitung zwischen Eisenkappel und Hochobir durch. Bei dieser Gelegenheit zeigte sich, daß Leitungsdrähte des Telephons hinlänglich isoliert sind, wenn sie auf Schnee und Eis aufliegen. Eine Beobachtung, die bald darauf auf dem Sonnblick ausgenützt wurde. 1881 wurde auf Kosten der Österreichischen Gesellschaft für Meteorologie der Neubau eines Anemometerhäuschens auf dem Gipfel des Obir (2143 m) durchgeführt (Abb. 1). Am 10. Oktober 1891 fand die feierliche Eröffung dieser Anlage statt, sie wurde „Hannwarte" benannt.

Phot. F. Steinhauser

Abb. 2. Das Rainer Schutzhaus von der Hann-Warte aus gesehen

1906—1908 wurde das unzulängliche alte Rainerhaus durch die Sektion Eisenkappel des Ö. T. K. umgebaut, wobei das neue Haus in den Besitz der genannten Sektion überging (Abb. 2).

Die Österreichische Gesellschaft für Meteorologie erhielt Besitzrecht im neuen Hause, und zwar auf ein Zimmer für den Beobachter, die Dunkelkammer und den Stollen.

In den folgenden Jahren und auch während des ersten Weltkrieges gab es auf dem Obir wenig Veränderungen.

Am 1. Jänner 1926 übertrug die Österreichische Gesellschaft für Meteorologie ihre gesamten Rechte am Hochobir dem Sonnblick-Verein und von diesem wurde deshalb ein Vertrag mit der Zentrale des Ö. T. K. abgeschlossen.

Dem Pächter wurde auferlegt, die Beobachtung und Wartung der meteorologischen Instrumente nach den Weisungen des vom S. V. bestellten Leiters des Observatoriums gegen entsprechende Entlohnung fortzuführen. Der Ö. T. K. verpflichtete sich, Holz zu beschaffen. Weiters wurde in diesem Vertrage festgelegt, daß bei Auflassung der meteorologischen Station das unbewegliche Eigentum des S. V. auf dem Obir in das Eigentum der Zentrale des Ö. T. K. übergehen soll.

Bei der Übernahme des gesamten österreichischen Wetterdienstes durch das Reichsamt für Wetterdienst im Jahre 1938 wurde von diesem auch die Übernahme des Hochobir vom

Geographische Breite: 46° 30', Geographische Länge: 14° 29' östl. Gr., Höhe: 2044 m

Monat	Lufttemperatur, °C								Luftdruck, mm				Windstärke	
	Mittel	Höchstes Mittel	Niedrigstes Mittel	Durchschn. Veränderlkt.	Mittl. (tägl.)		Mittlere[1] Tages-schwankung	Absolutes		Mittel	Absolutes Maximum	Absolutes Minimum	Mittl.(mon.jährl.)		Mittel nach Beaufort	Zahl der Tage mit Sturm
					Maximum[1]	Minimum[1]		Maximum	Minimum				Maximum[1]	Minimum		
Jänner	−7,1	−2,1	−12,8	3,2	−4,0	−8,5	4,5	7,5	−27,3	592,4	609,0	570,0	594,0	590,5	2,8	7,2
Februar	−7,3	−1,7	−12,4	2,8	−4,6	−9,3	4,7	9,4	−28,0	91,2	06,3	71,6	93,9	90,7	2,9	7,3
März	−5,1	−1,5	−8,5	1,7	−1,8	−6,6	4,8	10,2	−22,0	91,0	05,8	70,0	94,2	91,4	2,6	7,3
April	−2,2	0,8	−6,1	1,9	0,8	−3,9	4,7	17,5	−18,1	91,7	03,7	75,9	93,8	90,1	2,4	5,2
Mai	2,5	6,1	−2,3	1,8	6,1	0,8	5,3	18,9	−11,4	95,2	06,5	76,9	95,7	93,0	1,9	3,7
Juni	6,2	9,4	2,8	1,8	10,0	3,6	6,4	22,8	−5,2	97,3	08,5	84,3	98,6	95,9	1,7	2,8
Juli	8,7	11,8	5,4	1,3	13,2	6,1	6,6	28,1	−1,6	98,5	06,9	86,4	98,5	97,4	1,7	2,8
August	8,7	11,4	5,7	1,5	13,0	6,1	6,9	23,4	−2,2	99,0	07,4	86,7	99,9	97,7	1,8	2,7
September	5,7	9,6	−0,8	2,5	8,8	3,7	5,1	21,2	−8,1	98,4	09,4	77,4	99,4	97,3	1,8	3,7
Oktober	1,5	4,4	−4,2	2,0	5,0	0,3	4,7	20,1	−16,5	95,7	07,1	77,9	97,5	94,9	2,3	6,3
November	−2,6	1,7	−6,6	2,0	0,2	−4,0	4,2	14,0	−20,0	93,7	07,4	72,0	94,8	91,3	2,5	7,0
Dezember	−5,6	−1,9	−10,2	2,6	−3,9	−8,0	4,1	8,3	−23,6	92,1	07,1	73,2	94,1	90,8	2,6	7,3
Jahr	0,27	1,6	−1,1	0,7	3,6	−1,5	5,19	28,1	−28,0	594,7	609,4	570,0	596,24	593,4	2,25	63,2

[1] Zehnjähriges Mittel   [2] Internationale Periode (1901–1930)

Monat	Windverteilung, ‰										Dampfdruck, mm	Relative Feuchte, %	Bewölkung				Niederschlags-menge, mm			Zahl der Tage mit			
	N	NE	E	SE	S	SW	W	NW	C			Mittel	heiter	trüb[2]	Nebel[1]	mittlere	größte	kleinste	Niederschl. ≥ 0.1 mm	Schneefall	Gewitter
Jänner	76	126	106	100	37	202	143	144	66	2,4	84	5,2	8,5	9,1	14,0	81	201	2	10,7	10,5	0,1
Februar	79	128	104	80	33	232	138	157	49	2,3	82	5,3	6,5	8,9	13,5	80	231	14	10,2	10,2	0,1
März	51	107	83	89	63	256	141	136	74	2,8	86	6,1	4,5	11,8	16,2	112	358	7	13,8	13,3	0,3
April	47	109	102	96	74	236	136	117	83	3,6	89	6,7	2,3	13,2	18,0	129	272	24	15,9	14,2	1,3
Mai	60	115	93	118	72	214	107	119	102	4,9	88	6,7	2,2	12,5	14,2	135	416	31	16,7	7,3	4,1
Juni	88	112	72	86	78	198	135	130	101	6,1	85	6,3	2,4	10,7	13,4	170	322	35	15,6	3,1	6,6
Juli	77	114	62	73	111	200	118	123	122	7,0	82	5,5	3,5	8,0	9,4	163	336	58	14,7	1,2	6,7
August	132	108	113	211	110	92	62	109	63	6,9	82	5,0	5,8	6,5	14,8	168	364	57	13,2	1,5	5,2
September	58	102	87	102	89	222	119	112	109	6,0	84	5,5	5,5	9,9	15,5	145	419	25	11,9	3,2	2,3
Oktober	50	98	94	93	67	282	124	104	88	4,5	85	5,8	6,9	11,0	16,6	153	329	29	13,3	7,0	1,0
November	58	101	92	89	56	275	141	110	78	3,5	86	5,7	5,5	11,4	16,0	108	289	5	14,2	10,0	0,5
Dezember	61	115	102	74	44	258	141	141	64	2,7	85	5,7	6,1	11,7	16,6	82	228	6	11,5	11,1	0,1
Jahr	70	111	93	101	70	222	125	125	83	4,4	85	5,8	60,0	124,7	173,9	1526	2155	916	159,6	92,7	28,3

S. V. angestrebt. Die Verhandlungen zogen sich bis zum Jahre 1943 hin. In der Zwischenzeit bezahlte der S. V. den Beobachter und erhielt hiefür eine Vergütung vom R. f. W. Anfangs des Krieges wurde dem Beobachter noch ein Soldat beigegeben, da die Anzahl der täglich abzugebenden Meldungen bedeutend vermehrt wurde. Auch die instrumentelle Ausrüstung wurde vermehrt, so kam auch ein Windschreiber Fueß 90x auf den Berg. Es zeigte sich aber, daß das normale Gerät zu schwach dimensioniert war. Daher wurde ein verstärktes Modell in Auftrag gegeben, zu dessen Aufstellung es aber nie kam. Die Übernahme des Hochobir durch den Reichsfiskus wurde im Jahre 1943 allerdings mit Wirksamkeit vom 1. Jänner 1939 abgeschlossen. Da nun der Betrieb vollständig durch den R. f. W. besorgt wurde, erhielt die Station einen rein militärischen Charakter. Dies wirkte sich bei der gemischtsprachigen Grenzbevölkerung sehr ungünstig aus, und bald gab es Störungen der Versorgungskolonnen und Überfälle auf dieselben. Eine geordnete Versorgung wurde unmöglich, so daß am 10. Juli 1944 das Observatorium geschlossen werden mußte. Offiziell hieß es, daß es auf den Zirbitzkogel bei Judenburg verlegt worden wäre. Da auch der Betrieb des Schutzhauses schon längere Zeit ruhte, stand das Gebäude leer. Es wurde mehrfach erbrochen und im Herbst 1944 in Brand gesteckt.

Die beigegebene Klimatabelle (S. 29) des Hochobir gibt eine Übersicht über die klimatischen Verhältnisse nach fünfzehnjährigen Beobachtungen, die zum besseren Vergleich mit den in der „Meteorologie des Sonnblicks" von F. Steinhauser angegebenen Werten des Sonnblicks von M. Stift-Magerl für den gleichen Zeitraum, 1887 bis 1936, berechnet worden ist.

Nach dem Zusammenbruch im Jahre 1945 wurde begonnen, das Beobachtungsnetz wieder einzurichten. Man dachte auch an den Hochobir, weil ja noch die Hannwarte stand. Die damals sehr unsicheren Verhältnisse im Grenzgebiet verhinderten einen Neubau des Rainerhauses. So wurde auf der Obiralm (1300 m) im Jahre 1946 eine Wettermeldestelle eingerichtet. Unter Benützung der noch bestehenden Telephonleitung auf den Hochobir, welche in nicht zu großer Entfernung an der Obiralpe vorbeiführt, konnte diese Station regelmäßig nach Klagenfurt melden. In der Hannwarte wurde ein Thermohygrograph aufgestellt, dessen Streifen wöchentlich durch den Beobachter der Obiralm gewechselt wurden. Mehrere Male wurde aber die Hannwarte aufgebrochen und das Instrumentarium beschädigt, so daß man auch diesen Notbetrieb wieder aufgeben mußte. Auch die Station Obiralm wurde Ende März 1948 aufgelassen.

Im Herbst 1947 wurden anläßlich eines ausländischen Gedenktages auf den Karawankengipfeln Höhenfeuer entzündet. An diesem Tage wurde auch die Hannwarte ein Opfer der Flammen.

Dem Vernehmen nach sind aber derzeit in Kärntner Kreisen aussichtsreiche Bestrebungen im Gange, das Rainerhaus wieder aufzubauen und auch dort wieder eine meteorologische Beobachtungsstation zu errichten.

Der Bergtod des Beobachters Georg Rupitsch und seiner Frau am 9. November 1944

Ein Nachruf von LUITPOLD BINDER

Mit 1 Abbildung

Georg Rupitsch, der vom 1. Juli 1940 an mehr als vier Jahre hindurch dem Sonnblickobservatorium als Beobachter diente, fand mit seiner Frau, Maria Rupitsch, den weißen Tod. Frau Rupitsch war schon längere Zeit hindurch von heftigen Zahnschmerzen geplagt und stieg am 6. November vom Sonnblick ab, um den Zahnarzt in Zell am See aufzusuchen. Nach ihrer Rückkehr nach Kolm am 8. November konnte sie wegen Schlechtwetters nicht mehr den Aufstieg zum Sonnblick wagen. Erst als am 9. November gegen Mittag eine kleine örtliche Wetterbesserung eintrat, ließ sie sich von einem Aufstieg nicht mehr abhalten, zumal ihr Mann ihr zusicherte, vom Sonnblick aus mit den Skiern entgegenzukommen. Der Aufstieg gestaltete sich äußerst schwierig, da in den letzten Tagen sehr viel Neuschnee gefallen war. Inzwischen hatte sich das Wetter wieder rasch verschlechtert, es begann neuerdings zu schneien und starker Sturm setzte ein. Die Temperatur fiel von minus 6°C um 14 Uhr auf minus 18°C um 19 Uhr und starker Nebel und Schneetreiben behinderten die Sicht enorm. Georg Rupitsch, der seine Frau oberhalb des ehemaligen Maschinenhauses getroffen haben dürfte, setzte mit ihr — statt noch rechtzeitig umzukehren — den Aufstieg fort. Wahrscheinlich hatten sie die Absicht, die Rojacherhütte als Zu-

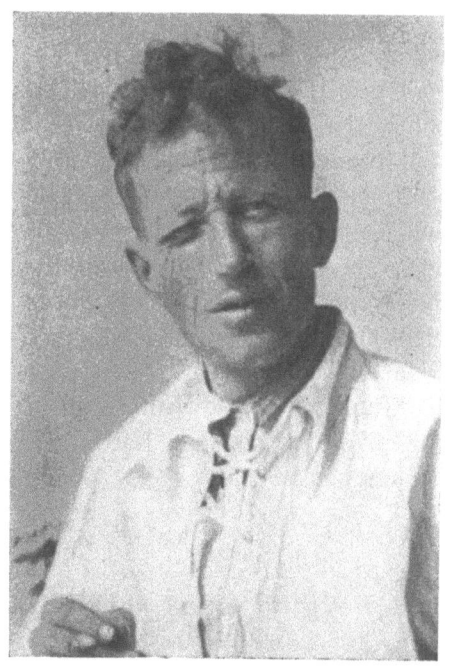

fluchtsort zu erreichen, da sie wußten, dort bei reichlichem Holzvorrat die Nacht geschützt verbringen zu können. Da die Sicht nur mehr wenige Meter betrug, verfehlten sie jedoch ihr Ziel und gelangten so nach vergeblichem Suchen in ungefähr der gleichen Höhe der Rojacherhütte auf den oberen Gletscherboden, wo sie jegliche Orientierung verloren. Wahrscheinlich sind sie dort stundenlang verzweifelt in der Nähe der Rojacherhütte herumgeirrt und haben dann schließlich in völliger Erschöpfung beschlossen, im Freien zu biwakieren. Inzwischen hatte der im Observatorium anwesende zweite Beobachter Friedrich Fleißner telephonisch erkundet, daß die beiden nicht nach Kolm zurückgekehrt sind. Er unternahm sofort eine Suchaktion, die er jedoch nach 3 Stunden ergebnislos abbrechen mußte. Als er diese in den späten Abendstunden nochmals vergebens versuchte, konnte er bei dem schweren Sturm selbst nur mehr unter äußerster Kraftanstrengung kriechend das Zittelhaus erreichen.

Da das stürmische Schlechtwetter auch noch in den Folgetagen anhielt, konnte es Fleißner erst am 12. November wagen, bis zur Rojacherhütte vorzudringen. Erst als auf dem Rückweg der Nebel einige Male aufriß, entdeckte er gegen den Tramerkopf zu, etwa 200 m abseits der Rojacherhütte, eine Skispitze, die etwa einen halben Meter aus dem

Schnee herausragte. Als er zu dieser Stelle kam, mußte er leider das traurige Schicksal der beiden Rupitsch feststellen. Die drei anderen Ski und die Stöcke lagen neben dem aufgestellten Ski. Ein Ski von Rupitsch war hinter der Bindung abgebrochen, was darauf schließen läßt, daß die beiden eine Biwakgrube bauen wollten, was jedoch bei dem lockeren Neuschnee fast unmöglich war. Außerdem konnte man feststellen, daß Frau Rupitsch früher völlig erschöpft war, da sie 1 m tief eingeschneit war, während Rupitsch selbst ca. 5 m unterhalb seiner Frau, 50 cm tief eingeschneit, vorgefunden wurde. Er wollte sicherlich noch im Ringen um Leben und Tod einen Ausweg suchen, doch konnten seine Kräfte dem starken Sturm und den schier übermenschlichen Anstrengungen nicht mehr trotzen. Auch er und sein treuer vierbeiniger Begleiter „Rolfi" sind vor Erschöpfung eingeschlafen und erfroren. Nach all den Anstrengungen war es für alle ein sanfter Tod und ein schmerzloses Hinüberschlummern.

Erst am 20. und 21. November konnten die Toten durch 16 mutige Bergführer und Bauern aus Heiligenblut unter Führung des erfahrenen Bergführers Ernst Kellner geborgen werden und am 25. November in ihrem Heimatort Heiligenblut unter großer Anteilnahme der Bevölkerung bestattet werden.

Rupitsch war ein edler Menschentyp. Zu seiner innigen Liebe zu den Bergen gesellte sich eine scharfe Beobachtungsgabe und ein bis ans äußerste gehendes Pflichtbewußtsein und Kameradschaftsgefühl. Von Beruf aus Bergführer, gehörte er auch der Bergwacht an, und während seiner Beobachtertätigkeit am Sonnblick hatte er selbst nicht selten so manchen in Bergnot geratenen Touristen vor dem sicheren Tode gerettet. An seiner Frau hatte er nicht nur eine treue Gefährtin des Lebens, sondern auch eine Helferin in seinen schwierigen Dienstobliegenheiten.

Rupitsch' Name wird neben jenen eines Peter Lechner, Mathias Mayacher und Leonhard Winkler immer in Ehren genannt sein und in die Geschichte des Sonnblickobservatoriums eingehen.

Bergtod eines verdienten Mitarbeiters

Unser langjähriges Mitglied und ehemaliger stellvertretender Vorsitzender des Vereines, der 54jährige Mittelschuldirektor Norbert Adler, wurde am 16. Juli 1950 das Opfer eines tragischen Bergsteigerunglücks. Während einer Urlaubstour im Gebiet des Vermuntgletschers in Vorarlberg unternahm Prof. Adler mit seiner Frau und seiner Tochter von der Wiesbadner Hütte aus eine Überquerung des Gletschers gegen den Piz Buin. Als Seilerster stürzte er in eine vom Schnee überdeckte Gletscherspalte. Seiner Frau und seiner Tochter, die ihm am Seil folgten, war es unmöglich, ihn aus seiner unglücklichen Lage zu befreien. Herbeigeholte Hilfe konnte den Abgestürzten nur mehr als Leiche bergen. Er hatte sich im Sturz an dem Seil, das ihn vor dem tödlichen Fall bewahren sollte, und an den Tragriemen seines Rucksackes selbst erhängt. In ihm verliert der Verein einen eifrigen Mitarbeiter, der vor allem in den Jahren des zweiten Weltkrieges die Geschäfte des Sonnblickvereines leitete. Der Verein wird ihm ein ehrendes Angedenken bewahren.

Bi.

Lawinentod eines Sonnblickträgers

Der 19jährige Andreas Leiner, der als Knecht im Naturfreundehaus in Kolm-Saigurn beschäftigt war, wollte am 24. November 1950 eine auf halbem Weg zum Sonnblickobservatorium zurückgelegte Traglast von Akkumulatorenplatten zum Gipfel bringen. Infolge Schlechtwetters und hoher Schneelage fand er diese Last nicht und kehrte zum Naturfreundehaus auf dem Neubau zurück, wo er es jedoch unterließ, dort die Nacht zu verbringen. Bei Dunkelheit versuchte er zu seinem Ausgangspunkt zurückzukehren, kam jedoch knapp unterhalb des Barbarafalles in eine Lawine, wo er vor Erschöpfung nicht mehr die Kraft fand, sich aus den Schneemassen herauszuarbeiten. Eine Nachsuche konnte nicht sogleich durchgeführt werden, da unglücklicherweise keine männliche Hilfe in Kolm zur Verfügung stand. Erst am 26. November fanden Touristen und Männer der Bergwacht den Bedauernswerten tot auf. Er wurde auf dem Friedhof in Rauris begraben.

Bi.

Geschichte und Tätigkeit des Sonnblickvereins und seiner Observatorien von 1939 bis 1950

Seit der letzte Jahresbericht des Sonnblickvereins — der für 1938 — erschienen ist, sind über unser Vaterland und auch über das Sonnblickobservatorium schwere Zeiten hinweggegangen, die auch heute noch nicht überwunden sind. Zur Fortsetzung der Geschichte des Sonnblickvereins und seiner Tätigkeit soll im nachstehenden kurz über die wichtigsten Ereignisse und Veränderungen in dieser Zeit berichtet werden.

Zu Ende 1938 hat der Sonnblickverein noch folgende meteorologische Observatorien und Beobachtungsstationen betreut: Sonnblick, 3106 m, Obir, 2044 m, Villacheralpe, 2145 m, Schöckl, 1436 m, Mallnitz, 1185 m, Döllach, 1008 m, Rauris, 943 m. Dazu kamen im Sommer noch die Stationen auf der Adlersruhe, 3465 m, und auf dem Hochkönig, 2940 m. Mit der Übergabe des österreichischen Klimanetzes an den Deutschen Reichswetterdienst mußten auch die Stationen des Sonnblickvereins abgetreten werden. Nur das Sonnblickobservatorium selbst und die beiden Fußstationen Döllach und Rauris blieben dem Verein erhalten, mußten aber ein Doppel des Beobachtungsbogens auch direkt an das Reichsamt für Wetterdienst nach Berlin schicken. Das alte Beobachtungsmaterial des Obir konnte weiter an der Zentralanstalt für Meteorologie und Geodynamik in Wien bleiben. Dadurch ist es ebenso wie das gesamte Sonnblickmaterial der Vernichtung entgangen, der das gesamte übrige österreichische Beobachtungsmaterial aus der Zeit vor 1935 am Ende des Krieges beim Brand eines Einlagerungsschuppens in Thüringen anheimgefallen ist.

Durch die Abtrennung der Stationen und durch den Abtransport des Beobachtungsmaterials war natürlich die Bearbeitung der Beobachtungen sehr erschwert und behindert. Andererseits hätte aber die reichliche Unterstützung des Sonnblickvereins durch die Kaiser-Wilhelm-Gesellschaft wieder die Möglichkeit gegeben, wissenschaftliche Untersuchungen in größerem Ausmaße zu subventionieren, wenn nicht der Krieg gekommen wäre. Im Jahre 1939 konnten noch folgende wissenschaftliche Arbeiten auf dem Sonnblick durchgeführt werden: von Dr. Löhle Sichtmessungen und von Dr. M. Rose, Leipzig, Rauhreifuntersuchungen. Ferner wurden durch den Sonnblickverein die von Dr. Gburek, Leipzig, im Bereiche der Kürsingerhütte durchgeführten Messungen des Wärmehaushalts auf Gletschern unterstützt.

Im Sommer 1939 hat der Beobachter H. Mühltaler unvermutet telegraphisch gekündigt, so daß zur Fortsetzung für zwei Monate cand. phil. J. F. John auf den Sonnblick geschickt werden mußte. Er hat auch den neuen Beobachter Ferdinand Mayr, der im Juli auf den Sonnblick kam, eingeschult.

Mit Kriegsbeginn wurde im September das Sonnblickobservatorium mit militärischen Beobachtern des Reichswetterdienstes besetzt, die dem Luftgaukommando XVII in Wien unterstellt waren. Der Beobachtungsdienst auf dem Observatorium wurde wie bisher weitergeführt. Die synoptischen Meldungen, die für den Flugsicherungsdienst wichtig waren, wurden täglich sechsmal, darunter auch nachts, an die Wetterwarte Wien-Aspern abgegeben. Die militärische Besetzung des Observatoriums hatte für die Kriegszeit den Vorteil, daß auch die Versorgung mit Verpflegungsgütern, mit Brennmaterial und mit Benzin für die Lichtanlage durch das Militär besorgt werden konnte. Auf andere Art wäre in der Kriegszeit die Aufrechterhaltung des Beobachtungsdienstes wahrscheinlich gar nicht möglich gewesen. Neben den militärischen Beobachtern versah auch der vom Sonnblickverein bestellte Beobachter Mayr weiter seinen Dienst, machte die Klimabeobachtungen um 7, 14 und 21 Uhr, betreute die Registrierapparate und die Totalisatoren und schickte die Beobachtungsbogen und die Registrierstreifen weiterhin an die Zentralanstalt nach Wien, wo sie bearbeitet wurden. Während der Zeit der militärischen Besetzung weilten jeweils drei Beobachter auf dem Sonnblick.

Im Sommer 1940 konnte auch noch Stud. Spindler mit Unterstützung des Sonnblickvereins Strahlungsmessungen auf dem Sonnblick durchführen. Ab April 1941 führte in Wien der aus dem Schuldienst der Zentralanstalt zugeteilte Studienrat Norbert Adler die Verwaltungsgeschäfte des Sonnblickvereins und besorgte auch die Auswertungen der Registrierstreifen. 1941 wurde in der Küche des Sonnblickobservatoriums ein neuer Herd gebaut, wozu die Baumaterialien durch Soldaten auf den Sonnblick transportiert wurden. Am 12. Dezember 1940 wurde durch einen starken Sturm die Welle des Anemographen abgerissen und das Schalenkreuz auf den Gletscher unterhalb des Zittelhauses geworfen. Der Schaden konnte bald durch Prof. Dr. A. Schedler und den Mechaniker der Zentralanstalt, J. Strauss, die vom 17. bis 22. Dezember auf dem Sonnblick weilten, repariert werden. Im Jahre 1941 wurden die Observatorien Obir und Villacheralpe endgültig vom Reichswetterdienst übernommen. Der Zweig Villach des Deutschen Alpenvereins hatte schon mit Ende 1939 den Vertrag mit dem Sonnblickverein gekündigt.

Im September 1942 wurde das Sonnblickobservatorium vollständig von der Luftwaffe übernommen. Im September 1943 wurde eine Funksprechverbindung mit Rauris hergestellt, wodurch der Wettermeldedienst vom Telephon, das häufig Störungen aufwies, unabhängig wurde. Die Fußstation in Rauris diente auch als Talstation der Funksprechverbindung und mußte aus diesem Grunde in das Hotel Post übersiedeln.

Aus der Kriegszeit ist leider auch ein schwerer Unglücksfall zu verzeichnen. Am 9. November 1944 verunglückte einer der militärischen Beobachter, Georg Rupitsch, mit seiner Frau tödlich beim Aufstieg von Kolm-Saigurn auf den Sonnblick bei einem plötzlichen Schlechtwettereinbruch, eine Gehstunde weit unter dem Gipfel. Sie erfroren im Schneesturm.

Während die wissenschaftliche Arbeit auf dem Sonnblick in der Zeit der militärischen Besetzung praktisch unmöglich war, konnte durch den Sonnblickverein aber ein anderes meteorologisches Untersuchungsprojekt im Alpengebiet begonnen und weitergeführt werden. Auf Veranlassung von Prof. Dr. H. Ficker wurde zu Pfingsten 1939 im oberen Pinzgau ein mit Thermohygrographen ausgestattetes Netz von Stationen in verschiedenen Höhen und in verschiedenen Expositionen zu detaillierteren Untersuchungen der meteorologischen Vorgänge in einem abgeschlossenen inneren Alpental eingerichtet. Es bestand aus folgenden Stationen: Wald (880 m) nahe der Talsohle, Rabenkopf (1310 m) am nordschauenden Hang, Rechtegg (1287 m) in fast gleicher Höhe am südschauenden Hang, Krimml (1140 m) am obersten Talboden, Filzstein (1641 m) auf der Höhe des Talabschlusses und Wildkogel (2010 m) nahe dem Kamm der nördlichen Talbegrenzung. Zu Weihnachten 1939 wurde dieses Netz noch durch einen Thermohygrographen in Zell am See (800 m) ergänzt. Im nächsten Jahr wurden in Wald und Krimml auch Ombrographen eingerichtet. Auch Ainring bei Salzburg erhielt einen Thermohygrographen. Die Ergebnisse der Registrierungen sind für mehrere Untersuchungen über Föhnerscheinungen im oberen Pinzgau, über die Temperatur und relative Feuchtigkeit auf Sonn- und Schattenseiten eines Alpenlängstales und über die Änderung des Tagesganges der relativen Feuchtigkeit und des Dampfdruckes mit der Höhe verwendet worden. Im Jahre 1942 wurden in Wald und in Filzstein auch Variographen zur Feinregistrierung der Luftdruckschwankungen im Tal und auf der Höhe eingerichtet.

In den Jahren 1941 und 1942 hat der Sonnblickverein auch dem Studienrat Turnovsky, Klagenfurt, eine Subvention zur Unterstützung seenkundlicher Forschungen in den Hohen Tauern gewährt. Im Jahre 1943 beteiligte sich das Observatorium auch an den Arbeiten einer im Glocknergebiet neu eingerichteten Schneeforschungsstelle für das deutsche Straßenwesen.

Die schwerste Zeit kam für das Sonnblickobservatorium und für den Sonnblickverein mit Kriegsende. Durch den Wegfall der Kaiser-Wilhelm-Gesellschaft war der Sonnblickverein der hauptsächlichsten Geldquelle beraubt. Andererseits schien bei dem Mangel an Menschen, Material und Verpflegsmitteln in der ersten Nachkriegszeit die Aufrechterhaltung des Betriebes des Sonnblickobservatoriums fast unmöglich. In dieser Situation bedeutete es für die Weiterführung der Beobachtungen die Rettung, daß der Oberregierungsrat im ehemaligen Reichswetterdienst, Dr. H. Mesal, der sich nach Einstellung der Kriegshandlungen in Rauris niedergelassen hatte, die Verbindung mit den Beobachtern auf dem Sonnblick einerseits und mit dem Kommando der amerikanischen Besatzungsmacht in Salzburg und Zell am See anderseits aufgenommen und das Interesse der Amerikaner für die Weiterführung der Wettermeldungen vom Sonnblick, die für ihre Flugsicherung sehr wichtig waren, geweckt hat. Während in der ersten Zeit die Verpflegung der Beobachter noch aus den Restbeständen der Wehrmacht gedeckt werden konnte, wurde mit der Zeit die Schwierigkeit der Beistellung von Proviant und Heizmaterial und der Durchführung der Transporte immer größer. Hier hat nun wieder Dr. Mesal, der inzwischen Stellvertreter des Bezirkshauptmanns von Zell am See geworden war und von der Bezirkshauptmannschaft als Treuhänder des Observatoriums und des Zittelhauses bestellt wurde, tatkräftig eingegriffen und unter den schwierigsten Verhältnissen für Transport und Nachschub soweit sorgen können, daß eine Überwinterung auf dem Gipfel ermöglicht wurde.

Neben dem Ausscheiden der Kaiser-Wilhelm-Gesellschaft bedeutete für den Sonnblickverein auch das Ausscheiden des Alpenvereins einen schweren Verlust, weil in den früheren Jahren der jeweilige Pächter des Zittelhauses auch das Heizmaterial für das Observatorium beistellen mußte, was jetzt wegfiel. Dies war um so schwerwiegender, als nicht nur der Sonnblickverein kein Geld hatte, das Brennmaterial zu kaufen, sondern weil es auch sehr schwierig war, Träger für den Transport auf den Gipfel zu finden, weil die meisten dafür in Betracht kommenden Bewohner des Rauriser Tales es vorzogen, beim benachbarten Bau des Großwasserwerkes in Kaprun Arbeit zu nehmen. Den Transportschwierigkeiten sollte die Erbauung einer Materialseilbahn von Kolm-Saigurn auf den Sonnblick abhelfen, die von Interessenten aus Zell am See und aus dem Rauriser Tal in die Wege geleitet wurde.

In der schweren Nachkriegszeit hat die Österreichische Akademie der Wissenschaften, die auch früher schon im Kuratorium des Sonnblickvereins vertreten war, es übernommen, aus ihren ohnehin beschränkten Mitteln Zuschüsse zur Erhaltung des Sonnblickobservatoriums beizustellen und einen Beobachter zu bezahlen, während der andere Beobachter im staatlichen Wetterdienst, für den er hauptsächlich zu arbeiten hatte, angestellt wurde. Auch der Sonnblickverein wurde wieder neu konstituiert und entwickelte eine rege Werbung von Mitgliedern. Er appellierte auch in Aufrufen und mit Plakaten „Rettet den Sonnblick!", die dankenswerterweise vom akademischen Maler Walter S c h w a r z l entworfen worden sind, an die Öffentlichkeit mit der Bitte um Spenden zur Erhaltung des weltberühmten Observatoriums. Mit den dadurch aufgebrachten Mitteln konnte ein wesentlicher Zuschuß zur Sicherung des Weiterbestandes des Observatoriums in den ersten Nachkriegsjahren geleistet werden. Es war aber naturgemäß nicht möglich, damit alle Kosten zu bestreiten, so daß vor allem zur Beschaffung des Brennmaterials und zur Bezahlung der sehr teuren Transportkosten auch das Unterrichtsministerium Mittel beistellen mußte. Zufolge der schwierigen finanziellen Lage konnte der Sonnblickverein sich nun nur mehr allein um die Betreuung des Sonnblickobservatoriums kümmern, während er die übrigen Höhen- und Fußstationen, die er vor 1938 besessen hatte, dem staatlichen Klimadienst überlassen mußte.

Am 1. und 2. September 1946 fand in Kolm-Saigurn in kleinerem Kreis eine schlichte Feier des Jubiläums des 60jährigen Bestandes des Sonnblickobservatoriums statt. Im Rahmen dieser Feier wurde auch eine Gedenktafel für das tödlich verunglückte Beobachterehepaar Georg und Maria R u p i t s c h enthüllt. Der Bezirkshauptmann von Zell am See nahm bei dieser Feier auch die Grundsteinlegung der von Kolm-Saigurn auf den Sonnblick projektierten Materialseilbahn vor. In der Zeit vom 23. September bis 23. Oktober wurden Arbeiten am Bau dieser Seilbahn durchgeführt, die bis zur Seilverankerung auf dem Gipfel und in Kolm-Saigurn und zum Aufziehen der Seile gebracht werden konnten, dann aber wegen ungünstiger Witterung vorzeitig abgebrochen werden mußten. Dadurch kam das Sonnblickobservatorium wieder in eine sehr schwierige Lage, da man gehofft hatte, mit der neuen Seilbahn bereits die für den Winter benötigten Brennmaterialien und Lebensmittel auf den Berg transportieren zu können. In dieser Notlage kam dem Observatorium die amerikanische Besatzungsmacht zu Hilfe, indem sie ab 12. November 1946 durch ihre Flugzeuge auf dem Gletscher in der Nähe des Gipfels Brennmaterial und Lebensmittel abwerfen ließ. Insgesamt wurde auf diese Art damals eine Menge von 7 Tonnen auf den Gipfel transportiert, wovon allerdings ein Teil durch Fehlabwürfe in die Nordwand des Sonnblicks verlorenging. Damit war aber eine Überwinterung, wenn auch unter größten Entbehrungen, auch für den Winter 1946/47 gesichert.

Der Seilbahnbau wurde im nächsten Jahr fortgesetzt, und am 8. Oktober 1947 konnte von einem Ingenieur der Baufirma P o h l i g, Leibnitz, die vollendete Materialseilbahn als Provisorium dem Initiator des Baues, Dr. H. M e s a l, übergeben werden. Mit dieser Bahn wurde nun auch noch rechtzeitig die Winterversorgung durchgeführt. Es wurden noch Güter im Gewicht von 12 Tonnen für den Winter 1947/48 auf den Gipfel befördert, wozu noch 500 kg durch Flugzeugabwurf kamen. Auch im Jahr 1948 wurde die Versorgung des Observatoriums wieder mit der Seilbahn bewerkstelligt (21,5 Tonnen), und auch 1949 konnten noch Materialien im Gewicht von 4 Tonnen mit der Materialbahn auf den Sonnblick transportiert werden. Dann wurde aber der Betrieb der Seilbahn, die 1947 nur als Provisorium freigegeben worden war, behördlich gesperrt, und damit kam das Observatorium neuerlich in eine sehr gefährliche Lage. Um zur Sicherung des meteorologischen Dienstes auf dem Sonnblick den definitiven Ausbau der Seilbahn fertigstellen lassen zu können, wurde in Besprechungen im Bundesministerium für Unterricht und in einer nach Salzburg einberufenen Enquete zwischen Vertretern des Unterrichtsministeriums, des Verkehrsministeriums und des Salzburger Landesamtes für Fremdenverkehr versucht, die für den Bau benötigten Mittel aufzubringen. Diese Besprechungen blieben aber leider ohne praktischen Erfolg. Am 13. August 1949 ist dann die Seilbahn bei einem schweren Unwetter vollständig zusammengebrochen. Es blieb nun wieder nur die Möglichkeit, die Versorgung des Observatoriums durch sehr kostspielige Trägertransporte ausführen zu lassen. Da es vollkommen ausgeschlossen war, daß der Sonnblickverein die hiefür benötigten Mittel aufbringen konnte, hat das Bundesministerium für Unterricht dankenswerterweise eine Sonderdotation von 40.000 Schilling für die Winterversorgung 1949/50 bewilligt und damit den Weiterbestand des Observatoriums wieder ermöglicht.

Inzwischen ist durch eine rege Werbetätigkeit des Sonnblickvereins auch die Öffentlichkeit immer wieder zur Mithilfe an der Rettung des Observatoriums aufgerufen worden. Der Mitgliederstand des Vereins hat sich dabei auf über 900 erhöht. Auch das Staatsopernorchester stellte sich in den Dienst der guten Sache und veranstaltete im Großen Musikvereinssaal unter der Leitung von Prof. M o r a l t ein Festkonzert zugunsten des Sonnblickobservatoriums. Die nach dem Zusammenbruch der Seilbahn entstandene Lage machte immer mehr klar, daß eine Weiterführung des Observatoriums ohne Seilbahn nur mit größten Schwierigkeiten und unter Aufwand bedeutender finanzieller Mittel möglich sein wird. Da kam von Seite der Wiener Schulkinder ein neuer Hoffnungsschimmer für die Ermöglichung des Seilbahnbaues. Auf Initiative des Fachlehrers Edmund B e n d l, der in eindrucksvollen Lichtbildvorträgen zunächst in seinem Schulbezirk Wien-Donaustadt und in der Folge auch in zahlreichen anderen Schulen den Kindern die Bedeutung und Schwierigkeit der Arbeit auf dem Sonnblick und die Notlage dieses Observatoriums vorführte, hatten die Wiener Schulkinder eine Sammelaktion eingeleitet, die unter dem Motto „Österreichs Kinder retten das Sonnblickobservatorium" mit Unterstützung des Wiener Stadtschulrates und des Bundesministeriums für

Unterricht auf ganz Österreich übergegriffen hat und aus den Spargroschen der Schulkinder so viel einbrachte, daß im Jahre 1950 unter Leitung von Schuldirektor Franz S t o c k h a m m e r ein Verein zur Erbauung einer Seilbahn auf den Sonnblick gegründet werden konnte, der die Aufgabe hatte, die von den Kindern gespendeten Gelder zu verwalten und der Realisierung des Seilbahnbaues zuzuführen. Trotz der Opferbereitschaft der Schulkinder und der materiellen Unterstützung durch verschiedene Industriebetriebe reichten die Mittel zum Seilbahnbau ohne Unterstützung durch den Staat nicht aus. Es ist zu hoffen, daß diese Unterstützung doch gewährt wird und damit der Weiterbestand des ältesten und höchsten europäischen Gipfelobservatoriums, das durch seine Leistungen für die meteorologische Wissenschaft in aller Welt bekannt geworden ist und heute auch große unmittelbare praktische Bedeutung durch die Auswertung seiner Beobachtungen für den Flugverkehr, die Wasserwirtschaft usw. erlangt hat, gesichert wird.

Im Jahre 1947 konnten auch die wissenschaftlichen Arbeiten auf dem Sonnblick und im Sonnblickgebiet wiederaufgenommen werden. Nach neunjähriger Unterbrechung wurden von Dr. H. T o l l n e r mit Unterstützung durch den Sonnblickverein Gletschervermessungen auf dem Großen Goldberggletscher, Kleinen Sonnblickgletscher, Wurtenkees, Neunerkees und Großen Fleißkees durchgeführt. Es wurden alte Marken abgelesen und neue Marken gesetzt und auf dem Goldberggletscher tachymetrische Messungen angestellt. Seither werden jährlich die Veränderungen dieser Gletscher durch Vermessungen verfolgt. Weiter wurden folgende wissenschaftliche Untersuchungen, z. T. mit Subventionen des Sonnblickvereins, auf dem Sonnblick durchgeführt: Untersuchungen des Wärmehaushalts der Gletscher von Dr. F. S a u b e r e r mit mehreren Mitarbeitern im Juli und September 1950; Untersuchungen der Photophorese von Univ.-Prof. Dr. F. E h r e n h a f t und Doz. Dr. R e e g e r von der Universität Wien vom Juli bis September 1950; Messungen und Registrierungen luftelektrischer Erscheinungen von Dr. K a s e m i r, Buchau a. F., im September 1950, die in den Rahmen eines großen, von Dr. H. I s r a ë l projektierten, über mehrere Hochgebirgsgipfel erstreckten Forschungsprogrammes eingebaut werden sollen.

Im besonderen muß auch noch der Beobachter gedacht werden. Nach Kriegsende war als Beobachter bis Juli 1946 Ferdinand M a y r weiter geblieben. Er war auch früher schon während der Kriegszeit neben den militärischen Beobachtern als vom Sonnblickverein bezahlter Beobachter tätig, wurde dann aber auch als Soldat eingekleidet. Von den militärischen Beobachtern war bis Juni 1945 auch noch Michael S t a c h e r auf dem Sonnblick geblieben. Vom September 1945 bis April 1946 folgte ihm Anton S t r a s s e r, der auch während des Krieges eine Zeitlang schon Leiter der Wetterwarte war. Seit Juni 1946 bis heute ist Hermann R u b i s o i e r Wetterwart auf dem Sonnblick. Mit ihm machte von Oktober 1946 bis April 1948 auch Kurt K o b l i h a den Beobachtungsdienst. Nicht zuletzt ist es diesen Beobachtern, die namentlich im Winter unter größten Entbehrungen oft bei grimmiger Kälte und Hunger ihren schweren Dienst versehen mußten, zu danken, daß es möglich war, auch in dieser schweren Zeit die Beobachtungen auf dem Sonnblick ohne Unterbrechung fortzuführen. In der Folge waren für kürzere Zeit als zweite Beobachter noch Gernot S t r a n n e r (Mai 1948 bis Jänner 1949) und Walter G r o ß m a n n (Februar bis April 1949) tätig. Seit November 1949 ist Frau Genoveva R u b i s o i e r als zweite Beobachterin neben ihrem Mann auf dem Sonnblick angestellt.

Da wegen des verstärkten Wettermeldedienstes nun ständig zwei Beobachter auf dem Sonnblick beschäftigt werden müssen, haben die sehr beengten Raumverhältnisse allmählich untragbare Schwierigkeiten verursacht, die vor allem auch dazu führten, daß ein Beobachter auch das Gelehrtenzimmer als Schlafraum benutzen mußte und daher für Wissenschaftler, die auf dem Observatorium Sonderuntersuchungen durchführen wollten, kein Platz war. Es hat sich daher der Sonnblickverein bemüht, bei dem Beauftragten für die Verwaltung des Vermögens der außerösterreichischen Zweige des ehemaligen Deutschen Alpenvereines in Innsbruck eine Erweiterung des alten Vertrages in dem Sinne zu erreichen, daß die beiden Zimmer, die oberhalb der Räume des Observatoriums liegen, auch dem Sonnblickverein überlassen werden. Dies ist in einem Zusatzvertrag vom 20. Juli 1950 zugestanden worden. Damit ist nun auch die Möglichkeit der Durchführung experimenteller und instrumenteller wissenschaftlicher Sonderuntersuchungen auf dem Sonnblick neben dem laufenden Beobachtungsdienst auch für die Zukunft gesichert.

F. St.

Vereinsnachrichten

Nach dem Zusammenbruch des Großdeutschen Reiches mußte der Sonnblickverein wie alle Vereine unter Vorlage neuer, den geänderten Verhältnissen Rechnung tragender Satzungen wieder bei der Polizeidirektion Wien um Zulassung einreichen. Diese Satzungen, die im wesentlichen den vor 1938 geltenden angepaßt wurden, sind nach Vorlage beim Unterrichtsministerium in der Hauptversammlung vom 15. November 1946 beschlossen und darauf auch von der Vereinsbehörde genehmigt worden. In dieser Versammlung wurde auch ein neuer Ausschuß gewählt, der folgendermaßen zusammengesetzt war: Vorsitzender und Leiter des Observatoriums Univ.-Prof. Dr. H. F i c k e r, Stellvertreter Stud.-Rat Norbert A d l e r und Dr. H. M e s a l, Schriftführer Dr. O. E c k e l und Dr. L. K l e t t e r, Schatzmeister Dipl.-Met. F. J. G r u b e r.

Die größten Schwierigkeiten, in die der Sonnblickverein nach dem Kriege gekommen ist, sind z. T. aus dem Tätigkeitsbericht S. 34 zu entnehmen. Sie sind vor allem dadurch entstanden, daß der Verein seine hauptsächlichsten früheren Geldquellen und durch das Währungsschutzgesetz auch sein Bankguthaben verloren hat. Es war daher zunächst die Hauptaufgabe des Vereins, durch rege Werbetätigkeit wieder neue Mitglieder zu gewinnen, in einer umfangreichen Werbeaktion das öffentliche Interesse für das Sonnblickobservatorium zu wecken und durch Spenden die Mittel zur weiteren Erhaltung unseres weltberühmten Observatoriums, die neben der Unterstützung durch die Österreichische Akademie der Wissenschaften und durch die staatlichen Zuwendungen notwendig waren, aufzubringen.

In der Hauptversammlung vom 25. Mai 1948 wurde an Stelle des ausscheidenden Dr. Mesal Univ.-Prof. Dr. F. Steinhauser zum stellvertretenden Vorsitzenden, an Stelle von Dr. Kletter Herr Luitpold Binder zum zweiten Schriftführer und Dr. J. Sigmund von der Wetterdienststelle Salzburg zum stellvertretenden Leiter des Observatoriums gewählt.

In der Hauptversammlung vom 3. Mai 1949 konnte ein Stand von 280 Mitgliedern mitgeteilt werden. Neben der Sorge für das Observatorium hat sich der Sonnblickverein im abgelaufenen Jahr wie auch in den Folgejahren immer wieder um Mittel und Wege zum Ausbau der Seilbahn bzw. nach deren Zusammenbruch zum Bau einer neuen Seilbahn bemüht.

In der Hauptversammlung vom 16. Mai 1950 konnte berichtet werden, daß dank einer großangelegten Werbeaktion, um die sich der Schriftführer Luitpold Binder außerordentlich bemüht hat und bei der 7000 Werbeschreiben verschickt und 1000 Plakate verteilt wurden, sich der Mitgliederstand auf 900 erhöht hat und namhafte Spenden eingegangen sind. Fachlehrer E. Bendl, der in 98 Lichtbildvorträgen die Kinder der Wiener Schulen für die Notlage des Sonnblickobservatoriums interessiert hat, konnte berichten, daß durch die Sammlung der Schulkinder 30.000 Schilling für die Erbauung der Seilbahn auf den Sonnblick eingegangen sind. Es wurde beschlossen, wie in früheren Jahren wieder einen Jahresbericht des Sonnblickvereins herauszugeben, dessen Bezug den Mitgliedern freistehen soll. Der Mitgliedsbeitrag wurde mit S 5.— festgesetzt, bei Bezug des Jahresberichtes S 9.—.

Herr Prof. Dr. H. Ficker ist von der Stelle des Vorsitzenden zurückgetreten und wurde in Anerkennung seiner großen Verdienste um das Sonnblickobservatorium zum Ehrenvorsitzenden gewählt. Der neugewählte Ausschuß setzt sich aus folgenden Mitgliedern zusammen: Vorsitzender Univ.-Prof. Dr. W. Schwarzacher, erster stellvertretender Vorsitzender Univ.-Prof. Dr. F. Steinhauser, zweiter stellvertretender Vorsitzender Vizedirektor Dr. J. Lukesch, Leiter des Sonnblickobservatoriums Univ.-Prof. Dr. H. Ficker, stellvertretender Leiter des Sonnblickobservatoriums Dr. H. Tollner von der Wetterdienststelle Salzburg, erster Schriftführer Dr. O. Eckel, zweiter Schriftführer Revident Luitpold Binder, Schatzmeister Dipl.-Met. F. J. Gruber.

Das Kuratorium des Sonnblickvereins setzt sich aus folgenden Mitgliedern zusammen: Vertreter des Unterrichtsministeriums Sekt.-Chef Dr. O. Skrbensky und Min.-Rat Dr. O. Starnbacher, Vertreter der Österreichischen Akademie der Wissenschaften Univ.-Prof. Dr. H. Ficker, Univ.-Prof. Dr. H. Chiari und Univ.-Prof. Dr. H. Benndorf, Vertreter des Österreichischen Alpenvereines Univ.-Prof. Dr. H. Kinzl, Vertreter des Touristenvereines Naturfreunde Prof. Eugen Schott, Vertreter der Mitglieder des Sonnblickvereins Dr. S. Schwarzl, Fachlehrer E. Bendl und Dr. J. F. John.

50 Jahre meteorologisches Observatorium auf der Zugspitze

In der Zeit vom 29. September bis 1. Oktober 1950 wurde unter zahlreicher Beteiligung in Garmisch-Partenkirchen und auf der Zugspitze das 50jährige Bestehen des höchsten meteorologischen Observatoriums Deutschlands festlich gefeiert. Das Zugspitzobservatorium, das in 2964 m Höhe in freier Gipfellage steht, hat für die Meteorologie des Nordrandes des Hochgebirges der Ostalpen dieselbe Bedeutung erlangt, die unserem um fast 150 m höher gelegenen Sonnblickobservatorium für den Zentralalpenkamm zukommt.

Im Jahre 1900 wurde zu dem bereits zwei Jahre vorher eröffneten „Münchner Haus" des Alpenvereines ein 9 m hoher, über einer quadratischen Grundfläche von 4 m Seitenlänge sich erhebender Turm hinzugebaut, der seither in zwei Stockwerken übereinander das Observatorium beherbergt und durch eine freie Plattform, auf der die Windmeßgeräte, der Sonnenscheinautograph und die Niederschlagsmesser aufgestellt sind, abgeschlossen ist. Die Beobachtungen begannen am 28. Juli 1900 und wurden bis heute — abgesehen von einer kurzen Unterbrechung nach dem letzten Krieg, wo die Beobachter in amerikanische Kriegsgefangenschaft gerieten — fortgesetzt. Zum Unterschied von unserem Sonnblickobservatorium waren auf der Zugspitze immer nur wissenschaftlich vor- und ausgebildete Meteorologen als Beobachter tätig, die in jährlichem Wechsel sich ablösten und während ihres Zugspitzaufenthaltes neben dem laufenden Beobachtungsdienst meist auch wissenschaftliche Sonderuntersuchungen durchführten. Aus Anlaß des Jubiläums ist eine von H. Hauer und mehreren Mitarbeitern verfaßte umfangreiche Festschrift, „Das Klima und Wetter der Zugspitze", erschienen, die interessante Vergleiche mit unseren Sonnblickbeobachtungen ermöglicht.

In den ersten drei Jahrzehnten seines Bestandes hatte das Zugspitzobservatorium dieselben Versorgungsschwierigkeiten, wie wir sie heute noch immer mit unserem Sonnblick haben, und die Zugspitzbeobachter mußten in gleicher Weise ein entbehrungsreiches und oft lange Wochen dauerndes, besonders im Winterhalbjahr schwieriges Leben in „romantischer", aber darum nicht immer angenehmer Einsamkeit führen, wie unsere Sonnblickbeobachter es heute noch tun müssen. Das hat sich mit der Erbauung der Zugspitzbahn und der Seilbahnen vollkommen geändert, während es bei uns nicht möglich ist, die verhältnismäßig geringen Mittel zur Erbauung einer für das Observatorium lebensnotwendigen einfachen Materialseilbahn aufzubringen. Während wir heute noch immer schwer darum kämpfen müssen, unser altes und weltberühmtes Sonnblickobservatorium auch nur in dem bisherigen, sehr bescheidenen und große Entbehrungen erfordernden Rahmen weiterführen zu können, steht dem Zugspitzobservatorium eine große und schöne Zukunft bevor. Im Rahmen eines Neubaues der deutschen Bundespost, der eine große UKW-Apparatur mit Richtantennen und einen Fernsehsender hoher Leistungsfähigkeit beherbergen soll, wird auch das meteorologische Observatorium stark ausgebaut und einen geräumigen Turm erhalten. Der Neubau soll ferner Institute der Max-Planck-Gesellschaft für Stratosphärenforschung und für Ionosphärenforschung aufnehmen, so daß sich auf der Zugspitze eine rege wissenschaftliche Tätigkeit entwickeln wird.

F. St.

Ein Sonnblickbuch!

Zu Ostern 1951 ist im „Pfad"-Verlag, Salzburg, ein Buch unter dem Titel „Der Sonnblick ruft!" erschienen. Es stammt aus der Feder des Initiators der Sonnblickaktion der österreichischen Kinder, Edmund Josef B e n d l. Wenn es auch in erster Linie der Jugend aus Dank für den gezeigten Opferwillen bei der Hilfsaktion für unser Observatorium gewidmet ist, so ist es doch mehr als ein bloßer Jugendroman. In packenden Bildern beschwört es den Berg und erzählt von tragischen und heldenhaften Schicksalen derer, die auf seiner einsamen Höhe treu ihre Pflicht erfüllen. Es liegt hier der bemerkenswerte dichterische Versuch vor, das Wissen um die unvergänglichen Werte des Sonnblickobservatoriums auch in weite Kreise zu tragen, die nicht ausschließlich wissenschaftliches Interesse mit dem Hause verbindet. Alle, die den Sonnblick lieben, ja darüber hinaus alle Freunde der Natur und unserer Alpenwelt, werden diese Sonnblickerzählung zur Hand nehmen und mit Ergriffenheit lesen. Für die Mitglieder und Freunde unseres Sonnblickvereins erhöht sich der Wert des Buches noch dadurch, daß dem Band ein 22 Seiten umfassender Abschnitt angeschlossen ist, der einen kurzen und umfassenden geschichtlichen Überblick über das Sonnblickgebiet und das Observatorium gibt. In der Werbung für die Ziele unseres Vereins wird uns das Buch wertvolle Dienste leisten. Alles in allem können wir dem Sonnblickbuch unseres Kuratoriummitgliedes Edmund Josef B e n d l nur wünschen, es möge zu Nutz und Frommen unseres Sonnblickobservatoriums seine Mission erfüllen, das Wissen um diese hervorragende wissenschaftliche Institution und die Begeisterung für sie in den Herzen einer kommenden Generation derart zu verankern, daß in Hinkunft die Erhaltung des Observatoriums als eine Ehrenpflicht des österreichischen Volkes empfunden wird.

L. B i n d e r.

Ergebnisse der meteorologischen Beobachtungen auf dem Sonnblickgipfel (3106 m) im Jahre 1950

	Luftdruck, mm			Temperatur			Bewölkung, Zehntel	Niederschlagsmenge, mm	Zahl der Tage mit			Tage				Sonnenscheindauer in Stunden	Windstärke m/s.
					Absolutes				Niederschlag ≥0·1 mm								
	Mittel	Max.	Min.	Mittel	Max.	Min.				Schnee	Nebel	Sturm	Heitere	Trübe	Frost-	Eis-		
Jän.	517,5	525,0	507,3	−12,7	−2,0	−24,6	7,4	134	12	12	20	21	2	15	31	31	109	9,4
Febr.	17,0	33,3	02,8	−10,0	2,4	−20,1	7,6	94	13	13	17	20	2	15	28	26	123	8,3
März	20,1	30,6	11,4	− 9,6	−2,2	−19,3	6,9	53	13	13	19	14	4	13	31	31	196	7,1
April	15,5	27,4	05,6	− 9,1	−2,0	−18,0	8,9	104	20	20	25	15	0	21	30	30	101	7,8
Mai	23,9	30,4	18,3	− 2,3	7,8	−10,0	7,9	24	15	14	23	10	2	17	26	19	215	5,6
Juni	27,5	32,5	21,9	1,5	12,0	− 3,0	7,8	65	16	16	20	8	0	17	20	2	226	4,8
Juli	27,7	32,3	22,2	3,8	12,6	− 3,2	7,4	135	18	11	25	10	2	17	12	1	229	4,4
Aug.	26,4	31,9	18,5	2,8	11,1	− 5,7	7,5	151	18	12	25	9	1	16	9	2	183	4,4
Sept.	24,0	29,7	17,6	− 0,9	7,3	−10,8	8,8	95	20	17	26	10	0	22	21	13	141	6,0
Okt.	23,4	30,1	10,7	− 3,7	4,4	−18,0	7,2	56	13	13	17	14	5	18	30	16	164	6,7
Nov.	16,5	27,4	06,6	− 9,5	0,6	−17,0	8,2	125	18	18	24	18	2	19	30	29	76	8,1
Dez.	11,6	21,6	05,4	−12,4	−3,2	−22,2	8,6	110	15	15	23	12	0	20	31	31	75	6,1
Jahr	520,9	533,3	502,8	− 5,2	12,6	−24,6	7,9	1146	191	174	264	161	20	210	299	231	1838	6,6

Verleger: Kommissionsverlag Julius Springer, Wien I, Mölkerbastei 5. — Für den Inhalt verantwortlich: Dr. Ferdinand Steinhauser, Wien XIX, Hohe Warte 38. — Druck von Adolf Holzhausens Nachfolger in Wien VII.

SPRINGER-VERLAG IN WIEN I

ARCHIV FÜR METEOROLOGIE, GEOPHYSIK UND BIOKLIMATOLOGIE

Herausgegeben von

DOZENT DR. W. MÖRIKOFER
Physikalisch-meteorologisches Observatorium, Davos

PROF. DR. F. STEINHAUSER
Zentralanstalt für Meteorologie und Geodynamik, Wien

SERIE A
Meteorologie und Geophysik

Band 4

Festschrift zum hundertjährigen Bestand der Zentralanstalt für Meteorologie und Geodynamik in Wien

Mit 150 Textabbildungen. 448 Seiten.   (Abgeschlossen im August 1951)   S 284.—, DM 59.50, $ 14.20, sfr. 61.—

Inhalt: **Rossby, C. G.** Über die Vertikalverteilung von Windgeschwindigkeit und Schwerestabilität in Freistrahlbewegungen der oberen Troposphäre. — **McIntyre, D. P.** The Philosophy of the Chicago School of Meteorology. — **Mieghem, van J.** La turbulence isentropique latérale dans le tourbillon circulaire. — **Raethjen, P.** Über den planetarischen Austausch der Vorticity und des Rotationsmoments. — **Kleinschmidt jun., E.** Grundlagen einer Theorie der tropischen Zyklonen. — **Haurwitz, B.** The Motion of Binary Tropical Cyclones. — **Schumann, T. E. W. and M. P. van Rooy.** Frequency of Fronts in the Northern Hemisphere. — **Pollak, L. W. and P. G. Tedde.** On the Frequency of Cyclones over the North Atlantic Related to the Sunspot Cycle. — **Wippermann, F.** Zur Frage des Einflusses der Land- und Meerverteilung auf die Lage der quasistationären Tröge in einer atmosphärischen Zonalzirkulation. — **Reuter, H.** Zur numerischen Methode der Vorhersage von Änderungen der 500-mb-Fläche nach Charney und Eliassen. — **Hesselberg, Th.** Mean Transport in the Atmosphere. — **Möller, F. und E. de Bary.** Der Wärme- und Wasserdampfhaushalt der freien Atmosphäre. — **Defant, F.** Die Änderungen des meridionalen Windprofils durch Kondensationswärme und Turbulenzvorgänge. — **Scorer, R. S.** Gravity Waves in the Atmosphere. — **Schwerdtfeger, W.** Hohe und komplexe Druckänderungen im Bereich der Anden. — **Koschmieder, H.** Zur Trombenbildung. — **Bleeker, W. and A. Delver.** Some New Ideas on the Formation of Windspouts and Tornadoes. — **Hoinkes, H.** Frontenanalyse mit Hilfe von Bergbeobachtungen. — **Cappel, A.** Kritische Betrachtung einiger Weltkorrelationen. — **Baur, F.** Zum Problem der Entstehung und Voraussage von Hochdrucklagen. — **Defant, A.** Windstau und Auftrieb an ozeanischen Küsten. — **Weickmann, H. K.** A Theory of the Formation of Ice Crystals. — **Conrad, V.** A Method of Estimating the Periodic Constituent of a Geophysical Series. — **Lugeon, J. und P. Ackermann.** Bestimmung der Temperaturfalschmessungen von Radiosondenaufstiegen infolge des Trainageeffektes. — **Fritz, S.** Ozone Measurements During Sudden Ionospheric Disturbances. — **O'Donnell, G. A. and V. F. Hess.** A Comparative Study of Atmospheric Conductivity at Ground Level and at One Meter above Ground. — **Chapman, S.** The Equatorial Electrojet as Detected from the Abnormal Electric Current Distribution above Huancayo, Peru, and elsewhere. — **Burkard, O.** Die halbjährige Periode der F_2-Schicht-Ionisation. — **Schneider, O.** Vorschläge zur statistischen Erfassung erdmagnetischer Mikropulsationen. — **Caloi, P.** Teoria delle Onde di Rayleigh in Mezzi elastici e firmo-elastici, esposta con le Omografie vettoriali. — **Wanner, E.** Zur Statistik der Erdbebenschwärme.

SERIE B
Allgemeine und Biologische Klimatologie

Band 3

Festschrift zum hundertjährigen Bestand der Zentralanstalt für Meteorologie und Geodynamik in Wien

Mit 95 Textabbildungen. 323 Seiten.   (Abgeschlossen im August 1951)   S 196.—, DM 41.20, $ 9.80, sfr. 42.20

Inhalt: **Flohn, H.** Passatzirkulation und äquatoriale Westwindzone. — **Thornthwaite, C. W. and J. R. Mather.** The Role of Evapotranspiration in Climate. — **Bossolasco, Mario.** Zur Frage der Verdunstung auf dem Meere. — **Quervain, M. de.** Zur Verdunstung der Schneedecke. — **Landsberg, H.** Some Recent Climatic Changes in Washington, D.C. — **Prohaska, F.** Zur Frage der Klimaänderung in der Polarzone des Südatlantiks. — **Winter, H.** Änderungen im Sommerklima seit 150 Jahren. — **Ekhart, E.** Der Wind als Klimafaktor und als Indikator für Klimaschwankungen. — **Reinhard, H.** Höhenwindverhältnisse im Gebiete des Ärmelkanals.

Zu beziehen durch jede Buchhandlung

If you have any concerns about our products,
you can contact us on
ProductSafety@springernature.com

In case Publisher is established outside the EU,
the EU authorized representative is:
**Springer Nature Customer Service Center GmbH
Europaplatz 3, 69115 Heidelberg, Germany**

Printed by Libri Plureos GmbH
in Hamburg, Germany